U0282029

不可思议的流体

边玩边学
流体力学基础知识

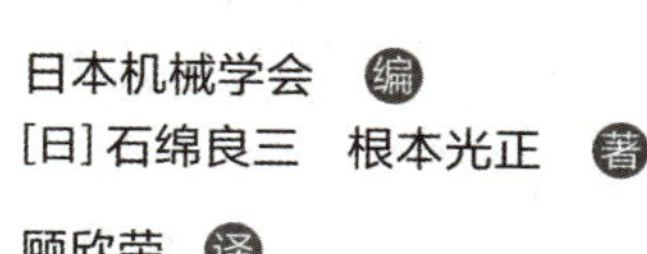
日本机械学会 编
[日] 石绵良三　根本光正 著
顾欣荣 译

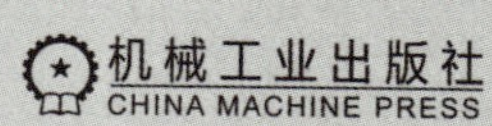
机械工业出版社
CHINA MACHINE PRESS

《NAGARE NO FUSHIGI ASONDE WAKARU RYUUTAIRIKIGAKU NO ABC》
© The Japan Society of Mechanical Engineers, Ryouzo Ishiwata, Mitsumasa Nemoto 2004
All rights reserved.
Original Japanese edition published by KODANSHA LTD.
Publication rights for Simplified Chinese character edition arranged with KODANSHA LTD. through KODANSHA BEIJING CULTURE LTD. Beijing, China.
本书由日本讲谈社正式授权，版权所有，未经书面同意，不得以任何方式做全面或局部翻印、仿制或转载。
北京市版权局著作权合同登记　图字：01-2021-3879 号。

图书在版编目（CIP）数据

不可思议的流体：边玩边学流体力学基础知识 / 日本机械学会编；顾欣荣译. — 北京：机械工业出版社，2024.7
ISBN 978-7-111-75800-6

Ⅰ. ①不…　Ⅱ. ①日…　②顾…　Ⅲ. ①流体力学-研究　Ⅳ. ①O35

中国国家版本馆CIP数据核字（2024）第095999号

机械工业出版社（北京市百万庄大街22号　邮政编码100037）
策划编辑：黄丽梅　徐　强　　责任编辑：黄丽梅　徐　强　蔡　浩
责任校对：肖　琳　李小宝　　封面设计：王　旭
责任印制：郜　敏
三河市宏达印刷有限公司印刷
2024年8月第1版第1次印刷
130mm × 184mm · 6.375印张 · 119千字
标准书号：ISBN 978-7-111-75800-6
定价：49.00元

电话服务　　网络服务
客服电话：010-88361066　　机　工　官　网：www. cmpbook. com
010-88379833　　机　工　官　博：weibo. com/cmp1952
010-68326294　　金　书　网：www. golden-book. com
封底无防伪标均为盗版　　机工教育服务网：www. cmpedu. com

前　言

空气和水虽然是我们身边的物质，但平时几乎没人会去刻意观察它们。不过，它们在我们日常生活中都有着非常重要的作用。在流体力学中所用到的“流体”一词，就是以空气和水为代表的气体及液体的总称。在流体中有很多眼睛看不见的东西，并且它们能够自由改变形状，难以捉摸，因此，它们很容易被认为是让人无法理解的东西。

可能有不少人会觉得流体力学非常难，因此本书的首要目标就是要让读者们亲近流体。在流体中常会出现一些有违一般认知的，让人不由发出“咦？！”的一声惊叹的、不可思议的现象。尽管乍看之下这些现象都很奇特，但实际上却完全不违背自然规律。请让我们把深奥的理论暂且搁在一旁，先来享受“流体”所带来的乐趣，试着实际感受下它们的神奇之处吧。在这个过程中，我们再用通俗的语言给各位解释说明流体里所隐藏着的秘密。

本书是由日本机械学会流体工程学部策划出版的。日本机械学会以推动机械工程学，也包括自然科学（数学或理科）、信息科学（计算机相关）等学科的发展，创造出更多对地球、宇宙、人类和生物有益的事物为宗旨，集合了众多研究人员和技术人员。该学会研究、发展和普及机械工程相关的技术和知识，从前沿技术领域的科研工作者到普通老百姓及中小学生都成为他们开展活动的对象。作为该类活动的一个环节，在日本机械学会流体工程学部下成立了拥有如下成员的“不可思议的流体编辑委员会”。本书的策划、编写及编辑工作由石绵和根本负责。

主审 石绵良三（神奈川工科大学）
干事 根本光正（神奈川工科大学）
委员 松本洋一郎（东京大学）、辻裕（大阪大学）、
速水洋（九州大学）、辻本良信（大阪大学）

本书虽然面向普通大众，但也基本涵盖了大学里所学习的流体力学的基础知识。大学里的教科书难免易倾向于注重学生的解题能力，有时就会使学生对于流体力学现象本身的理解稍显不足。作为一名技术人员设计产品时，一定量的计算工作当然是难以避免的，但能够抓住流体力学的本质，理解其中的意义更为重要。因此本书中不使用数学计算公式，而是着眼于通过简单的游戏来让读者们理解这些现象。它既是一本能让小学生乐在其中的课外读物，也是一本可以作为大学生学习流体力学的参考书。此外，如果更多的普通大众通过本书也能开始了解流体力学是怎样的一门学科的话，我

们会感到非常高兴。

本书中所收录的各种流体小游戏，既有编者们独立设计出来的，也有很多过去由来自各行各业的人设计，经人们口耳相传而来的。由于不知道这些游戏的设计者，无法标明姓名，只能在此对这些游戏的设计者表达由衷的敬意和感谢。另外，在本书编写过程中还得到了来自很多个人或组织的提议、题材提供以及建议，如与本书制作相关的工作室等。本书还获得了来自日本机械学会的2002年度和2003年度的“机械工程学振兴事业资金”的资助。讲谈社BLUE BACKS出版部门的堀越俊一先生和志贺恭子女士从本书策划阶段至制作、编辑阶段都给予了很多宝贵建议。对于以上种种来自各方的支援和帮助，在此一并表示深深的谢意。

接着，就请各位一起畅游流体的神奇世界吧。

石绵良三

2004年8月

本书结构介绍

本书中的各个主题都由以下三个版块构成。

动一动手

这一版块中会给各位介绍一些利用我们日常生活中的事物就能制作的简单游戏和实验。先请各位和“流体”亲近一下。

有什么用途?

通过实例来说明和“动一动手”版块中相同的原理是如何进行实际应用的。该版块里所选取的例子除了会举一些涉及工程学中最新技术的例子，也会举一些与生物的身体机制等内容相关的例子。

揭秘

该版块会给各位简要说明藏在“动一动手”版块和“有什么用途？”版块背后的流体性质以及流体力学的基本原理。

目　录

01 什么是流体

液体和气体并称为流体。和固体不同，流体最大的特征是能自由改变形状。

动一动手

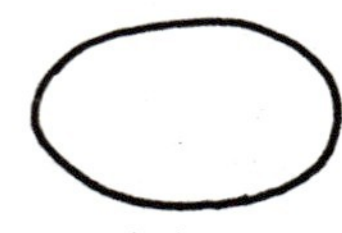

生鸡蛋?

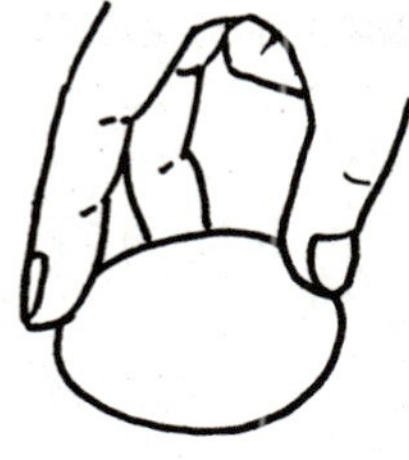

熟鸡蛋?

你知道怎样区分生鸡蛋和熟鸡蛋吗？把这两个鸡蛋放在桌子上，让它们旋转下试试吧。

2

旋转得比较困难的就是生鸡蛋

能很轻松旋转起来的就是熟鸡蛋

能简单轻松地咕噜噜转起来的就是熟鸡蛋。而生鸡蛋不会顺利地旋转起来。

3

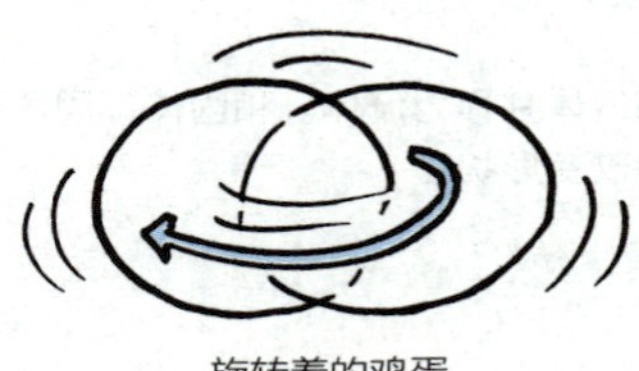

旋转着的鸡蛋

接着，试着用我们的手给鸡蛋助力，让它连续不停地旋转。

4

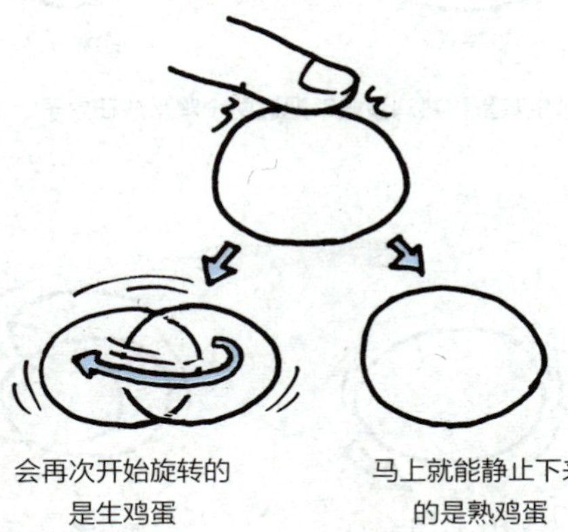
让旋转着的鸡蛋一下子停住
会再次开始旋转的
是生鸡蛋
马上就能静止下来
的是熟鸡蛋

请用手指瞬间使它停止后，立刻挪开手指。熟鸡蛋马上就能静止下来，而生鸡蛋会再次开始旋转。

有什么用途?

安装在高层建筑上层的水箱里的水会朝着抑制建筑物风振效应的方向移动

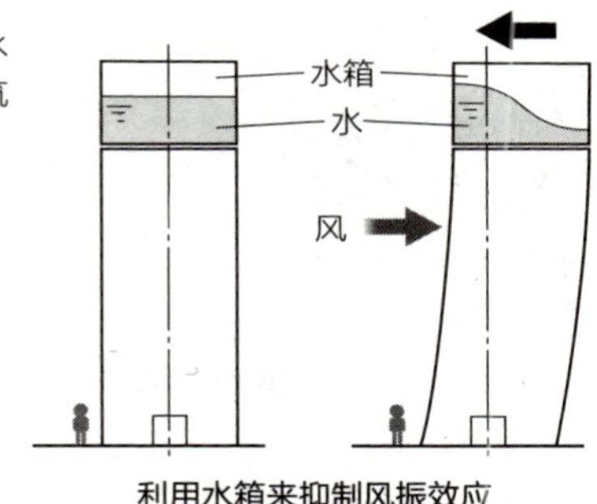

利用水箱来抑制风振效应

超高层或者塔台形的建筑物会因风或者地震而摇晃。为确保居住人员的舒适感及安全，在高层建筑物里采用了很多方法来抑制这种振动。

其中的一个方法就是如上图所示的安装专用水箱。它利用了水能自由改变形状的特性。

整栋结构都是固体的建筑物在发生振动时，会整体同时振动。这就类似于在“动一动手”版块中，旋转熟鸡蛋时立刻就能旋转起来了一样。

然而水箱因风或者地震而发生振动时，它里面的水会比水箱箱体迟些发生振动，这和“动一动手”版块里的生鸡蛋没有马上旋转起来的原理是相同的。由于水会发生变形而使它本身尽可能留在原处，所以就会起到抑制建筑物振动的作用。这种抑制振动的技术称为制振。

揭秘

试着让鸡蛋转起来之后……

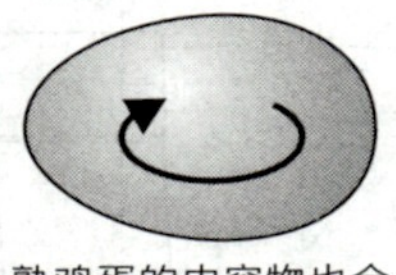

熟鸡蛋的内容物也会同时旋转

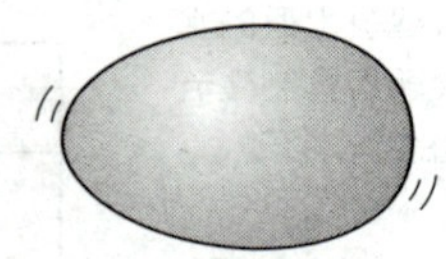

生鸡蛋的内容物不会马上旋转起来

固体和液体的区别

液体和气体并称为流体。比如我们生活中常见的空气、水或者油等都属于流体。它和固体最大的区别在于“能自由地改变形状”。所谓流动，就是指这样的流体在运动时的一种状态。

在“动一动手”版块里出现的生鸡蛋和熟鸡蛋的不同之处就在于它们的内部是液体还是固体。因为固体（熟鸡蛋内容物）几乎不能变形，所以其内部会随着外壳一起旋转。而液体（生鸡蛋内容物）能够变形，因此即使让外部转起来了，它的内容物也不会立刻旋转（惯性定律）。反之，一旦液体（生鸡蛋内容物）开始旋转了，即便外部瞬间停下来，它里面还是会继续旋转，由此就发生了“动一动手”版块里的运动现象。

在“有什么用途？”里给大家介绍的高楼的制振也是很好地利用了流体能改变形状的性质。

02 黏性

流体虽然能够自由改变形状，但若试图快速使其形状发生改变的话却需要相当大的力量。这种性质称为黏性。

动一动手

1

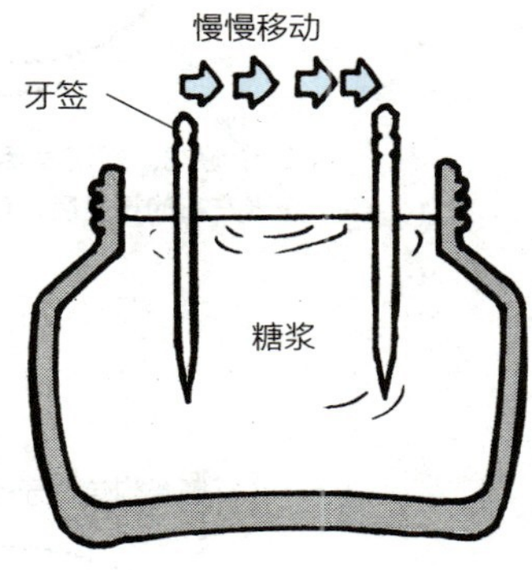

第一个游戏。把牙签插到糖浆（如果没有的话，可以用冰箱里冷藏过的蜂蜜）里，并试着慢慢横向移动。

2

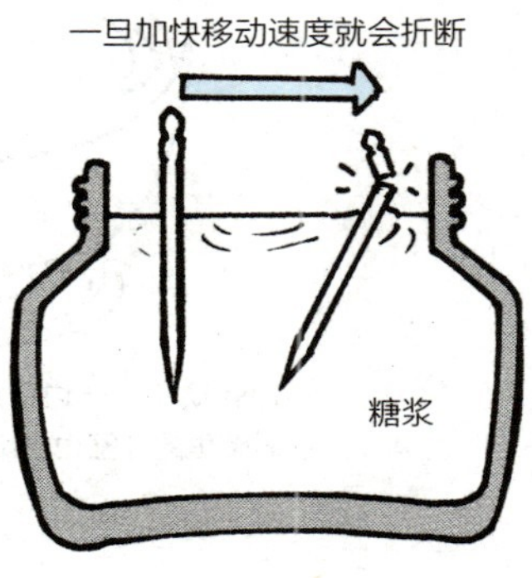

接着，试着加快牙签的移动速度。牙签会折断。

3

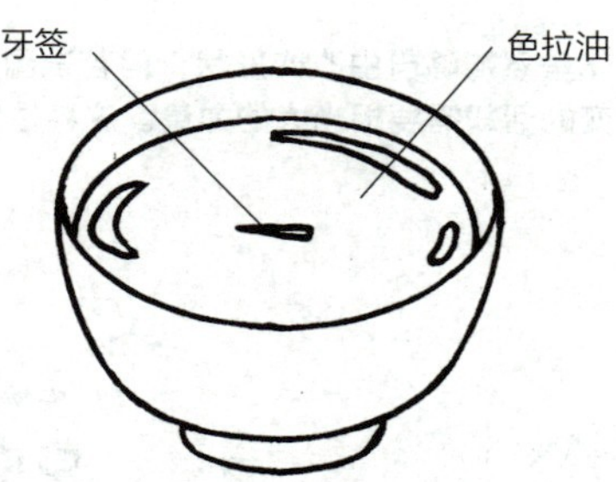

第二个游戏。在碗里倒入色拉油，把牙签折成2厘米左右的长度后，让它浮在色拉油上。

4

慢慢旋转，牙签也会跟着旋转

一边转动碗，一边留意不要让牙签碰到碗壁，这时碗里的牙签也会跟着碗一起旋转。

5

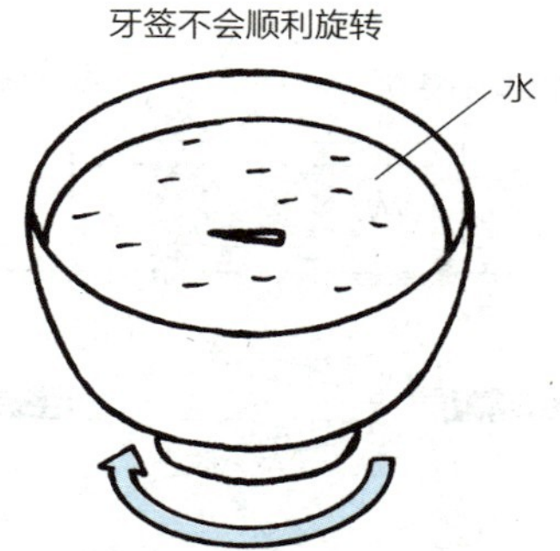

牙签不会顺利旋转

把色拉油换成水，即便旋转碗，牙签也不会顺利地跟着转起来。有什么办法能让它顺利转起来呢？

6

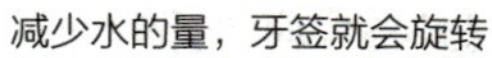
减少水的量，牙签就会旋转

尽可能减少水的量，只要牙签没接触到碗底就可以。接着再慢慢旋转碗，牙签也会旋转起来。

有什么用途？

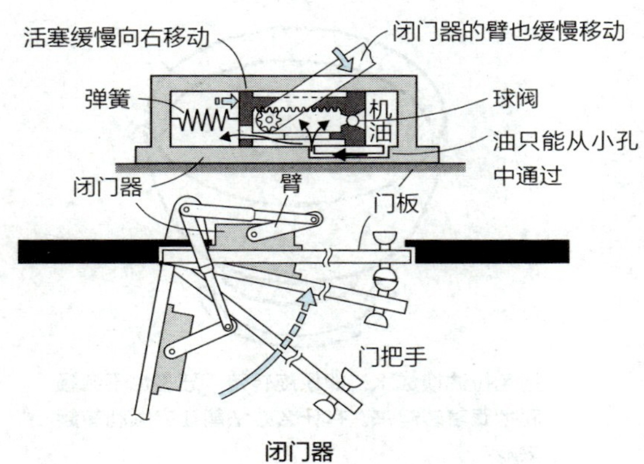

闭门器

有一种叫作闭门器的装置，可以让门慢慢关上。它通常安装在门的上方，想必各位应该都看到过。

当试图快速关上安装了闭门器的门时，往往需要很大的力量，而慢慢关的话，却不需要太大的力量。

这种装置的工作机制是利用了流体的黏性。想更快速地让流体变形就会需要更大的力。如上图所示，在闭门器里有一个活塞（深灰色部分），它内部充满了机油。关门的时候，活塞会向右移动，其内部的机油则通过小孔向左移动。当试图快速关上门时，机油在通过小孔时必须快速改变形状，由此便会产生非常大的阻力，因此门就会关得很慢。这和“动一动手”版块里第一个游戏的原理相同。

揭秘

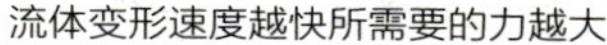

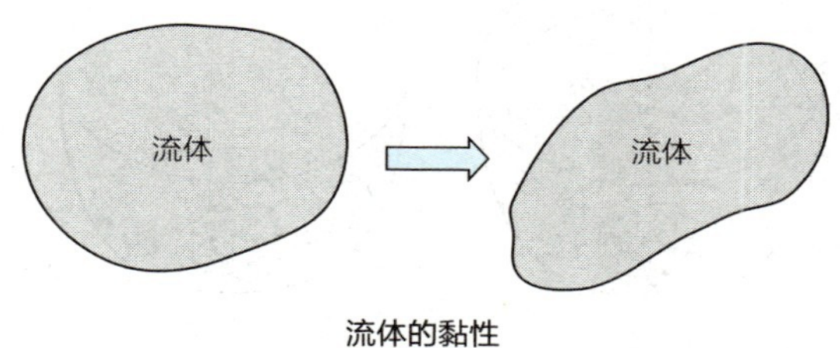

流体的黏性

尽管流体能够自由改变形状，但变形速度越快，所需要的力就越大。反之，让它慢慢变形的话，只需很小的力就足够了。这种随着变形速度的改变，所需要的力也会发生变化的性质就称为黏性。“有什么用途？”版块里的闭门器就是利用了这一性质。空气阻力以及水的阻力等也是因黏性而产生的。此外，当流体沿着物体表面流动时，在物体和该流体之间会产生一种叫作黏滞阻力的摩擦力。黏性是流体所特有的一个非常重要的性质。

虽然水和空气没让人感觉有黏性，但实际它们也有。除去一些特殊的例外情况，几乎所有的流体都具有黏性。

“动一动手”版块里的第二个游戏中的现象就是因为色拉油和水的黏性不同而造成的。色拉油较之水的黏性更黏（黏度高），变形更困难，因此会随着碗一起运动，牙签也就跟着转起来了。而水的黏性较弱（黏度低），更容易变形，所

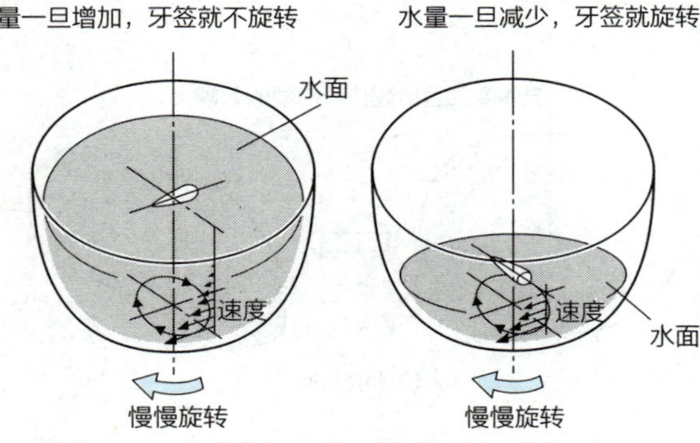

越靠近碗底，黏性的影响越大

以牙签就很难跟着碗一起旋转了。

让我们来思考下“动一动手”版块里的最后一个游戏。由于在流体和固体表面相互接触到的地方有黏滞阻力在产生作用，所以在贴近碗底的地方，黏性所产生的影响很大，于是水就会随着碗一起旋转起来。也就是我们所看到的，当水量减少时，牙签也会旋转起来了。而当水位较高的时候，从水面到碗底之间的水会发生变形，因此即便碗底转动起来了，靠近水面的水也几乎不会旋转。

03 压缩性

从四周施力推压流体，它的体积会变小。这种性质称为压缩性。让我们利用压缩性来做个小游戏吧。

动一动手

1

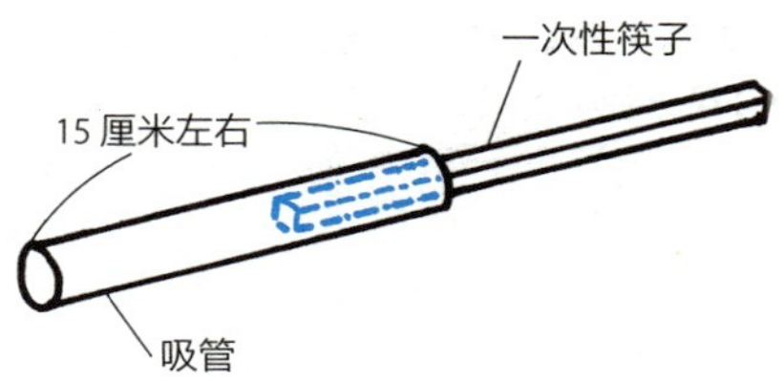

用一次性筷子和吸管制作一门吹纸团的简易小炮。首先，把一次性筷子削细，直到能刚好插入吸管。

2

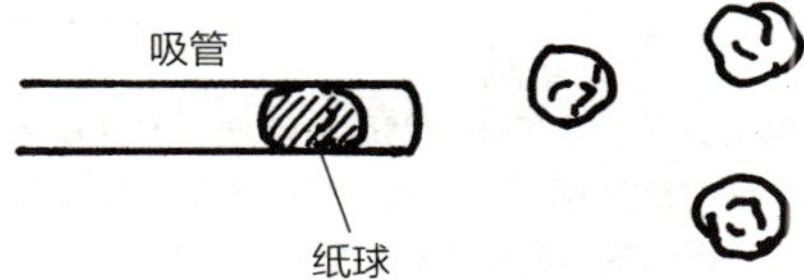

接着，把餐巾纸剪碎，用水浸湿后搓圆。要制作成在装入吸管时感觉稍有点紧的大小程度哦。

3

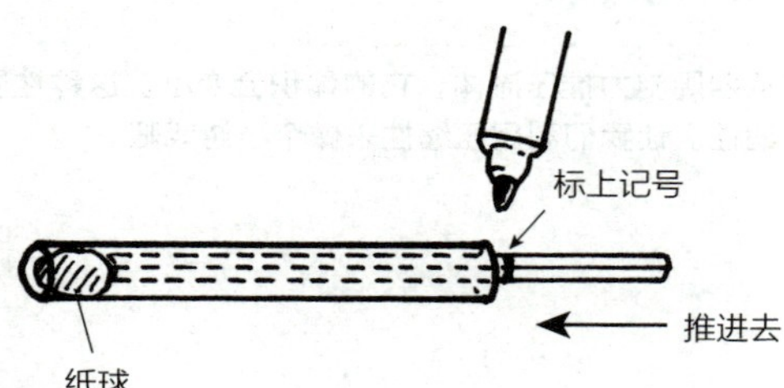

把一个纸球放入吸管中，再把一次性筷子推到吸管的另一端。推到顶住纸球时，在此时的一次性筷子上做个记号。

4

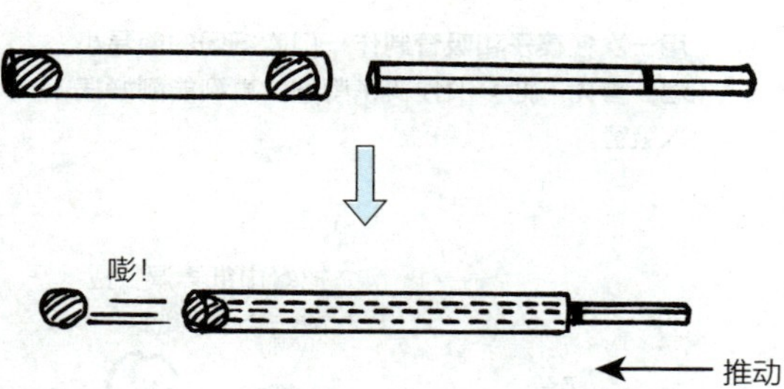

接着装入第二个纸球，然后快速把一次性筷子推到刚才做了标记的位置，第一个纸球就会飞出去（纸球要尽量搓得紧致些）。

有什么用途?

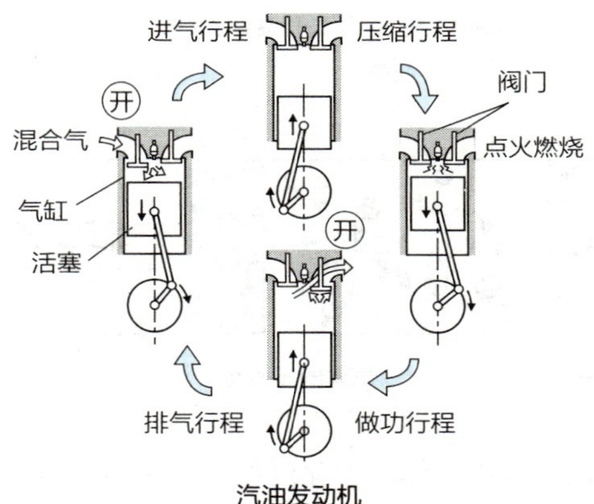

汽油发动机

在汽油发动机里，使用活塞来推压气缸内的汽油和空气的混合气，使混合气被压缩（体积减小）。这是利用了当气体受到来自四周的推压时体积会变小的性质。

随着汽油和空气的混合气被压缩，气缸内的压力和温度升高，由此便能高效获取能量。在汽车发动机等装置里，有数个气缸和活塞（比如有六组的话，就叫作六缸），它们之间是通过利用任意一个气缸内燃烧膨胀所产生的能量来推动其他活塞压缩混合气的。

而在“动一动手”版块里的纸团小炮是由人来推动活塞（纸球）。以上无论哪种都是通过压缩气体产生高压，再利用该压力来做功，因此它们的原理是共通的。

揭秘

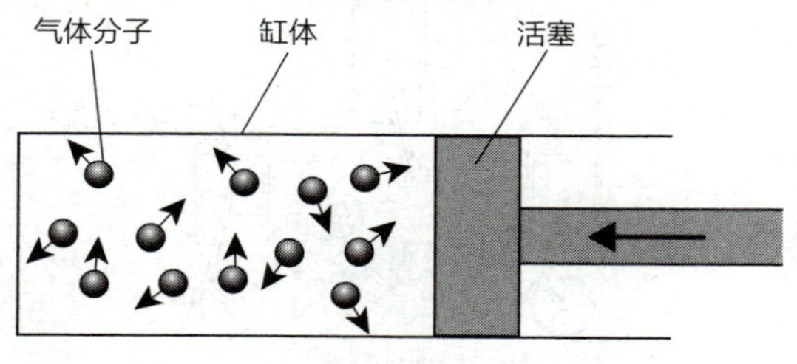

气体的压缩性

把从四周推压流体的力除以推压时接触面的面积所获得的值，称为压强。

压强 = 推压的力 ÷ 推压流体时接触面的横截面面积

流体受到压强的影响就会缩小（体积减小）的性质称为压缩性。

气体一旦受到推压，就会被压缩，体积就会变小。此时的气体分子会一边自由地飞来飞去，一边不时地相互碰撞或者撞到缸壁上。体积随着压缩进一步变小时，这种分子之间的相互冲击以及同缸壁间的碰撞次数就会增加，由此导致分子间相互推挤的力也会变大，于是压力和温度就会上升。

汽油发动机是通过压缩混合气来提升压力和温度的。

而“动一动手”版块里的纸团小炮是通过压缩空气提升压力，把第一个纸球发射出去的。

04 空气的质量

也许大家在平时生活中感觉不到空气是有质量的吧？但空气确实是有质量的。让我们来试着证明一下吧。

动一动手

1

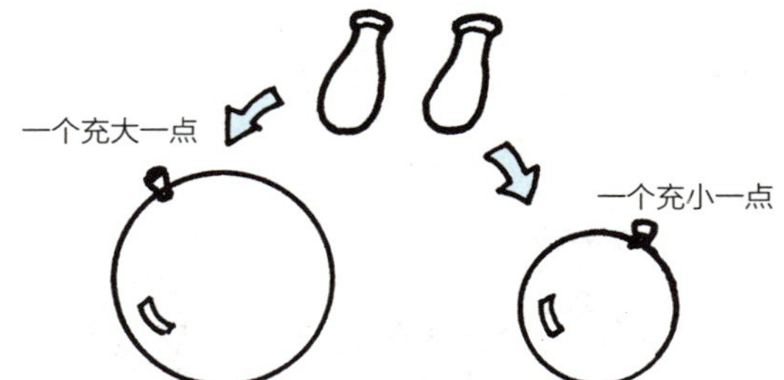
准备两只相同的气球并给它们充好气
一个充大一点
一个充小一点

准备两只完全相同的气球。一个多充些气让它大一点，一个少充些气让它小一点。

2

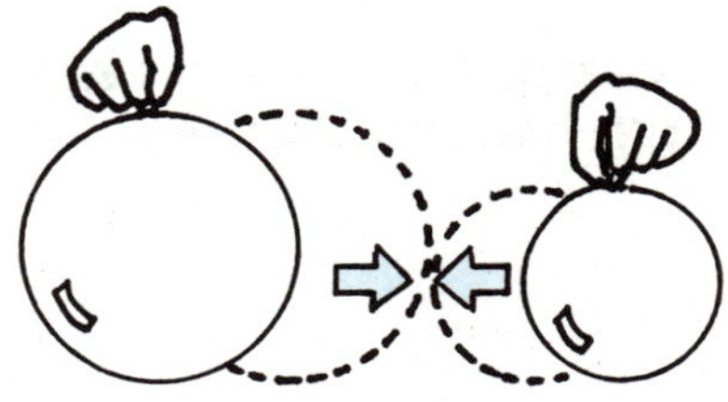
在它们相互碰撞的一刹那松开手

让两只气球相互碰撞。

3

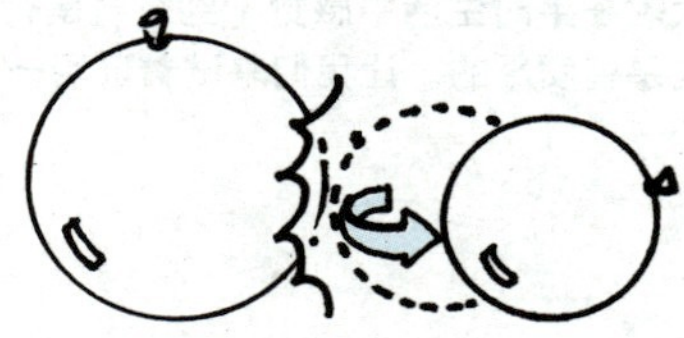
小一些的气球会被弹飞

会发现两只气球相撞之后，小一些的气球会被弹飞。

4

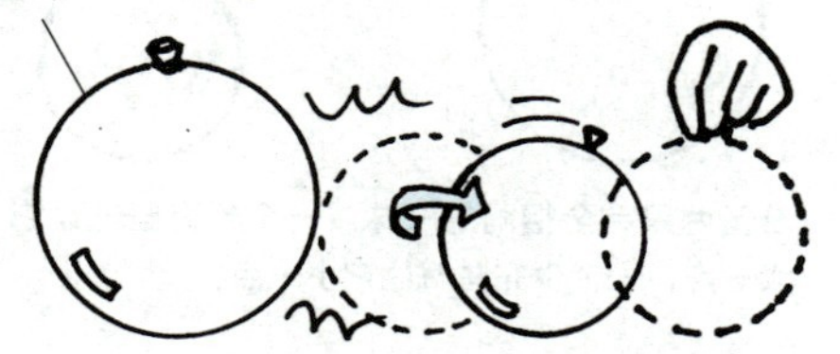
一只气球放着不动
使用大一点的气球，两只气球大小不同，会更一目了然

把一只气球放着不动，让另一只气球去撞击它，结果也是一样的。小气球会弹飞得更远。

有什么用途?

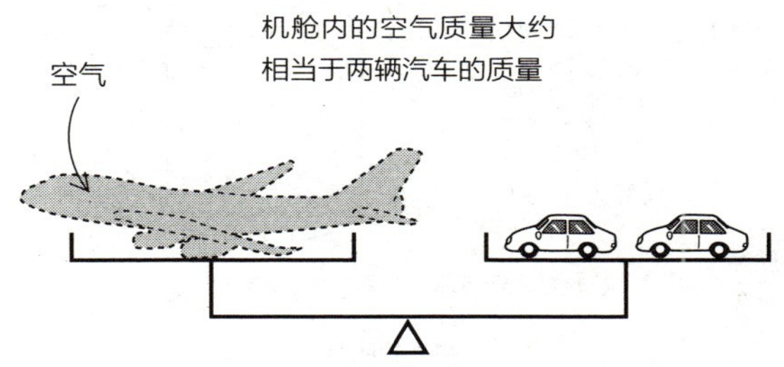

机舱内的空气质量大约
相当于两辆汽车的质量
空气

巨型喷气机内的空气质量

“动一动手”版块里的现象与空气质量有关。比如在一架巨型喷气机里，机舱内部的空气质量估计超过两吨，也就是相当于两辆汽车的质量。但由于机舱内部空气质量所产生的重力（假设机舱外部空气的密度和机舱内部空气的相同）同机舱外部空气所产生的浮力之间达到了平衡，因此几乎不会受到重量（向下的力）的作用。

可是这并不意味着空气质量的存在是没有任何意义的。当机身在加速或减速时，会需要非常大的，质量乘以加速度的力，因为机身质量中也包含了空气质量，所以相应地也就需要更大的力。

正如下文中会提到的，通常在研究气体的流动时，也会考虑气体的质量所带来的影响。因此在流体力学中气体的质量是很重要的。

揭秘

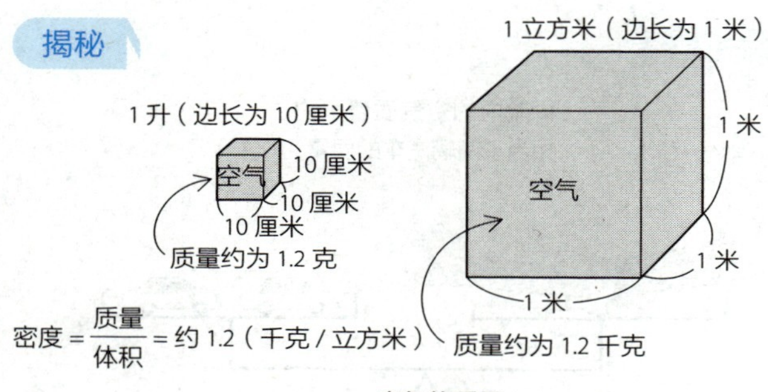

空气的质量

尽管我们平时几乎不会意识到空气质量的存在，但由于空气也是物质，因此也是有质量的。虽然空气的质量会随着气温、气压以及湿度的变化而变化，但一般来说，一升空气的质量大约是 1.2 克。而一立方米空气的质量则居然达到让人无法忽视的 1.2 千克。

“动一动手”版块里介绍的是一种碰撞运动，符合“动量守恒定律”，即两只气球的总动量（质量 × 速度）是保持不变的。在气球之间一旦发生动量传递，对于小气球来说，质量（包括空气质量在内）越小，速度越快。因此小气球会被远远地弹飞。

正常情况下，从风中所受到的空气阻力以及作用在飞机机翼上的升力（向上的力）与空气密度（质量 ÷ 体积）是成正比的。所以在研究流体力学的过程中，空气（气体）的质量是不容忽视的。

05 物体周围的流体

虽然我们无法看见包裹在物体四周的流体，但可以通过小实验来研究下它是一个什么样的状态，让我们来看一下吧。

动一动手

1

把报纸剪碎成 1 平方毫米左右大小的纸片。接着请把这些碎纸片放入水中并搅拌均匀。

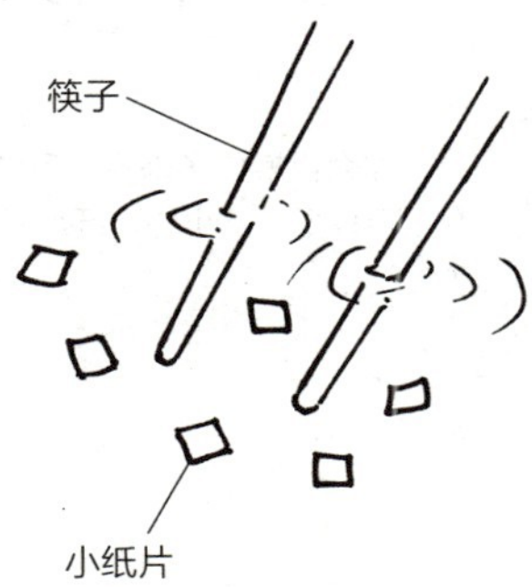

2

试着用筷子夹住水中的纸片。纸片会溜走，很难顺利地把它夹住。

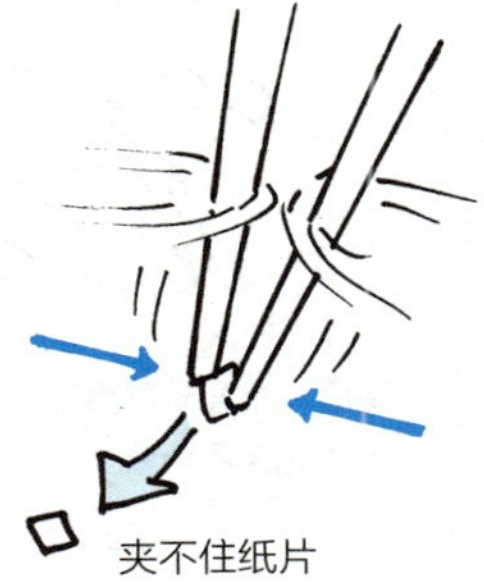

3

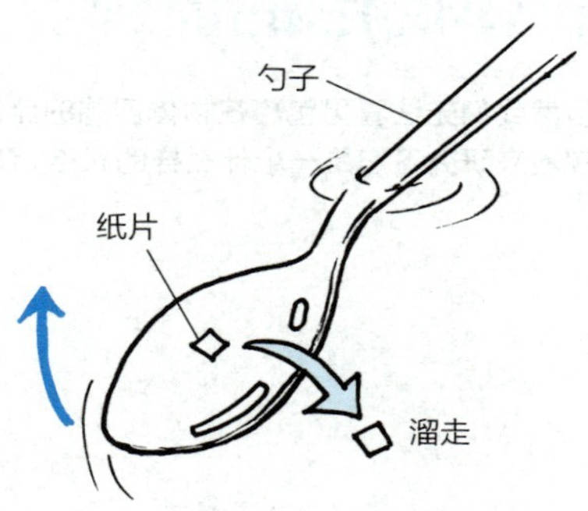
勺子
纸片
溜走

那么再换勺子来捞一下试试。虽然比用筷子简单，但只要一不小心，纸片还是会在半路溜走。

4

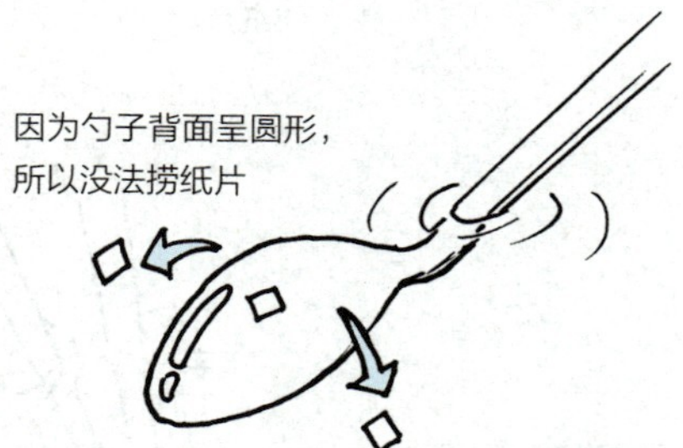
因为勺子背面呈圆形，
所以没法捞纸片

最后，请再试着用勺子背面来捞。这时会非常困难。纸片完全不听话。

有什么用途?

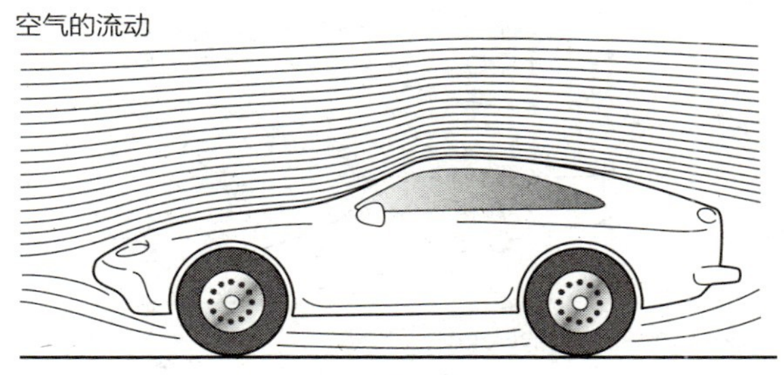

汽车四周的气流

汽车的车身往往都经过精心设计，以尽量避免灰尘或雨水附着在表面。因为不但沾上灰尘容易脏，而且车窗玻璃如果沾上了雨滴还会影响视线。

上图中是让气流流过一辆静止着的车辆的四周，并在这些气流中混入烟雾，使我们能够看见气流的流动轨迹（这些线条称为流线）。我们可以看到空气会避开车身流动。如果雨滴或灰尘非常小的话，它就会顺着气流流动而不会沾到车上。在“动一动手”版块里夹不住小纸片也是同样道理，因为筷子周围的水会避开筷子移动。

但是，雨滴或灰尘只要稍微再大一点，就会沾到车身表面。这是由于小颗粒状的物体在气流流向突然发生变化时或者在低速流动的地方无法继续跟着流体移动。在设计车身时，就会想办法防止这种状态的气流。

揭秘

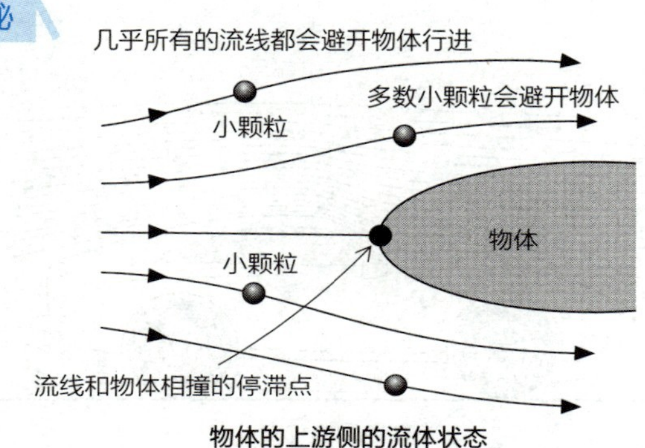
几乎所有的流线都会避开物体行进
小颗粒
多数小颗粒会避开物体
物体
小颗粒
流线和物体相撞的停滞点
物体的上游侧的流体状态

一般情况下，物体附近的流线中，只有一根流线会碰到物体，周围其余的流线都会绕过物体，在该物体附近，贴着其表面流动。

如果在这样的流体中含有小颗粒的固体物质，这些小颗粒会随着流体运动。因此，大多数的小颗粒都会避开物体流动。但如果颗粒较大或者质量较大（密度大）的话就会从流体中脱离出来独自运动。

在“动一动手”版块中，之所以很难夹住放入水中的小纸片，是因为在水中移动筷子或勺子时，其周围有水在流动，而小纸片会跟着水流一起移动。随水流流动的纸片在多数情况下不会接触到筷子或勺子，因此很难夹住或捞起来。物体越重（密度大）、越大，就越难以随着流体移动，这样才会容易被控制住。

06 压强

即便压强很小，但只要受力面积增加，也能产生非常大的力。

动一动手

1

在椅子上放一个大塑料袋，然后让一个人坐上去。

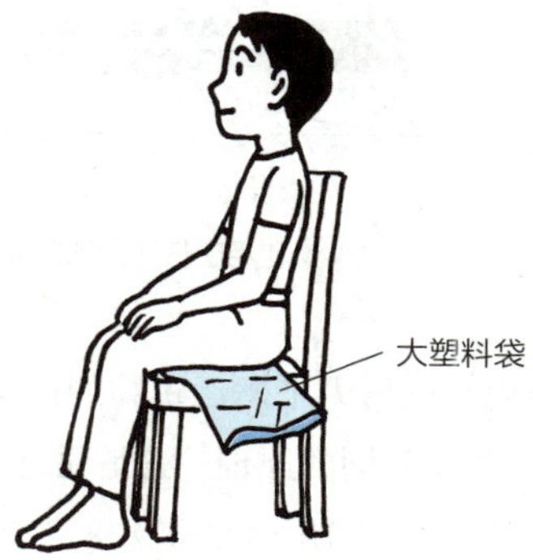

2

朝塑料袋里吹气后，能把坐着的人抬起来。即使压强不大，也能产生很大的力。

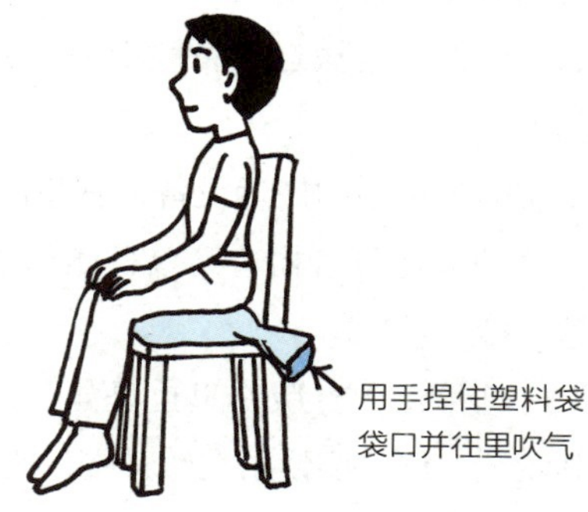

有什么用途?

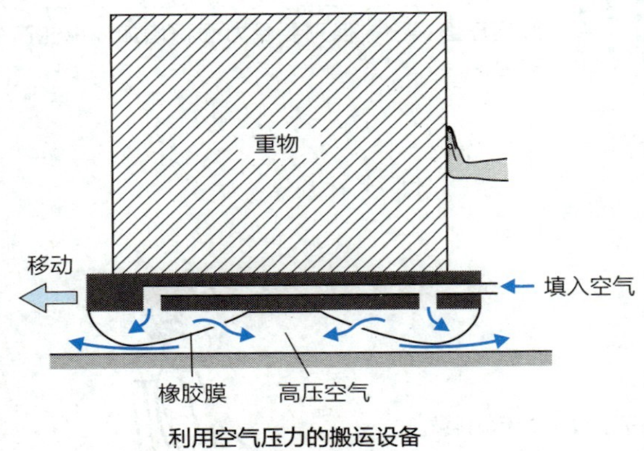

利用空气压力的搬运设备

利用空气压力来搬运重物的搬运设备也采用了和“动一动手”版块里相同的原理。它是通过鼓风机把空气吹入其中，提升内部压力，利用这个压力来支撑重物。由于作用力的大小会随着受力面积的增大而增大，因此即使内部的压强没有那么大，但只要搬运设备底面积足够大，就能产生相应的巨大的力。

实际生活中的搬运设备，有些甚至能搬运重达 36 吨的重物。这种搬运设备构造简单且体积小，非常适于在空间狭小的地方搬运重物。

“动一动手”版块里也是如此，虽然人吹进去的气体的压强不大，但只要使用大塑料袋，就能把人抬起来。

揭秘

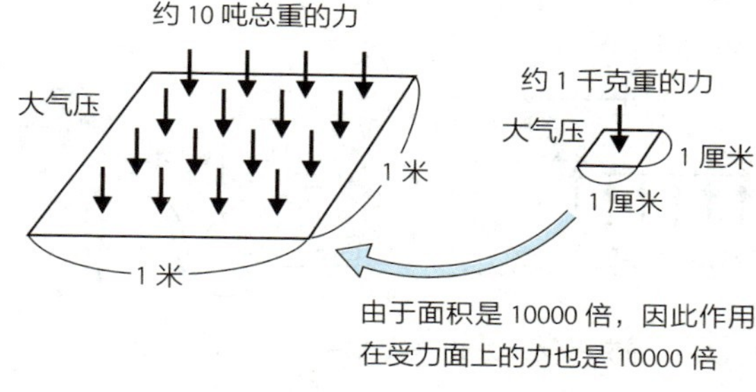

大气压的大小

压强是用作用于受力面上的力除以受力面的面积所得到的值（参见第 3 篇，第 14 页）。如果压强不变，作用在受力面上的力会随着面积增加而同比例增加。

通常情况下我们感受不到大气压有多大，那就让我们来研究一下大气压下的受力面积和该平面上所受到的力的大小之间的关系吧。

标准大气压的值是 1 个大气压（约 10^6 帕）。这时，每平方厘米（边长为 1 厘米的正方形的面积）受到约 1 千克重的力。而如果该面积是 1 平方米（边长为 1 米的正方形的面积）的话，即为前者的 1 万倍，则该力就会达到 10 吨总重的力（约 1 万千克的重量），是一个大得恐怖的力。但因为人体内部的压力也差不多是 1 个大气压，和外部的气压刚好持平，所以我们才会感觉不到这种压力的存在。

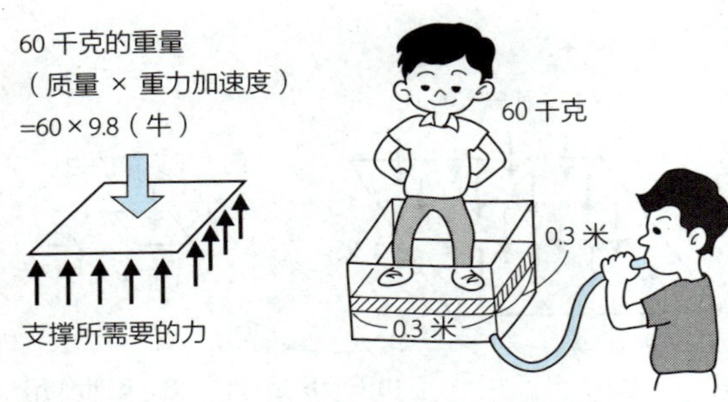

要抬起一个人的话

在“动一动手”版块里，靠人吹气就把人抬起来了。假设是用相当于边长为 0.3 米的正方形的受力面来抬起体重为 60 千克的人，将 60 千克乘以重力加速度 9.8 米每二次方秒，就能求得重力的值，再把这个值除以面积就能得到压强的值。

压强 = 力 ÷ 面积

=（60 × 9.8）÷（0.3 × 0.3）

=6533（帕）

也就是说这个压强只有 1 个大气压的大约$\frac{1}{15}$，是一个很小的压强，但就凭借着人吹气所产生的这个压强已经足够把人抬起来了。

“有什么用途？”版块里的搬运设备也是凭借着足够的受力面积，用较小的压强来支撑重物。工程机械以及压力机等液压设备也应用了相同的原理来获取巨大的力。受力面积越大，就能获得与之同比例增大的力。

07 水深和压力

在水中，越深的地方水压越大。到底有多大呢？让我们试着来看下吧。

动一动手

1

把 3~4 张报纸叠在一起，用水浸湿后夹到两只碗中间。两只碗相互间的位置不要错开。

2

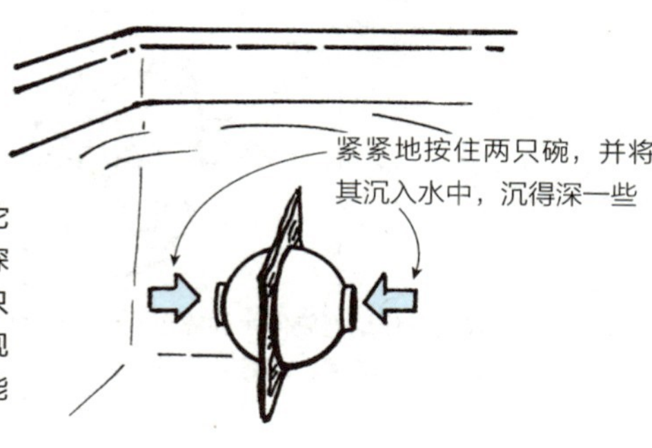

紧紧地按住两只碗，并将其沉入水中，沉得深一些

紧紧按着两只碗并将它们沉到浴缸里，沉得深一些，接着尝试把两只碗给分开，这时会发现需要非常大的力气才能把它们分开。

3

随后，用同样的方式让碗沉到水中后，让任意一只碗的碗底向上并松开按着上方那只碗的手。两只碗不会自行剥离开。

4

最后慢慢地把碗向水面靠近。当上升到一定的高度时，上方的碗会立刻自行剥离。

有什么用途?

在深海中，水压会变得非常巨大。深海调查船“深海6500”是世界上下潜深度最深的载人潜水艇（截止到2004年8月）。正如其名，它能下潜到水下6500米的深度，进行关于海底的地形、构造、矿物以及深海生物等各种调查。

在6500米的深度，大约受到650个大气压的水压。也就是说在1平方厘米大小的地方就受到约650千克重量的力，而边长为10厘米的正方形（人的手掌大小）就会受到约65000千克（65吨）重量的力。由于在这样的深度下需承受如此大的压力，所以在设计深海调查船的强度时必须极其仔细和谨慎。在“动一动手”版块中也是水深越深，碗之间的吸附力越强。作用在深海调查船上的压力也能用与此相同的原理来说明。

揭秘

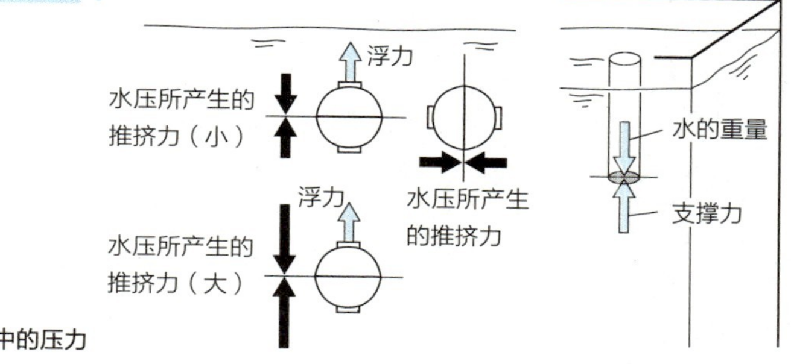

水中的压力

在水中的某一处，为了能支撑住位于该处上方的水的重量，水深越深的地方水压越高。

在淡水中，水深每深 10 米左右，就会增加 1 个大气压的压力。假设把“动一动手”版块中直径为 12 厘米的碗浸入到水深 50 厘米处，碗和碗之间的吸附力会相当于约 5.6 千克的重物所产生的力。这个力基本上和水的深度呈正比增加。此外，由于无论在哪个方向上所受到的压力都是相同的（帕斯卡定律），因此即使水中的碗的位置发生倾斜，吸附力也不会改变。

“动一动手”版块后半部分实验中，让两只碗呈上下位置时，水位较深时，由水压所产生的把两只碗推挤在一起的力要大于把处于上方的碗提上去的浮力，所以两只碗不会剥离开。而水位较浅的话，浮力的大小没有改变，水压变小了，所以碗就剥离开了。

08 浮力 1

让我们来做一个会在水中浮浮沉沉的小玩具吧。从中我们能发现浮力的秘密。

动一动手

1

从用于包裹货物的气泡垫上按如图剪下一部分。

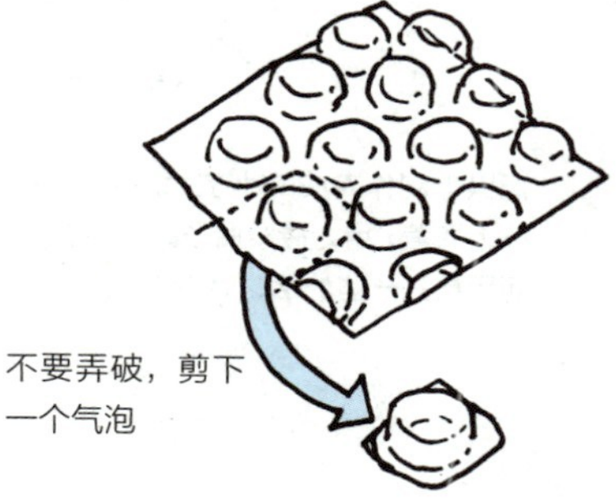

2

把曲别针或金属丝等制成的坠子系在剪好的气泡材料上，调节坠子的重量，让气泡刚好稍稍浮出水面一点点。

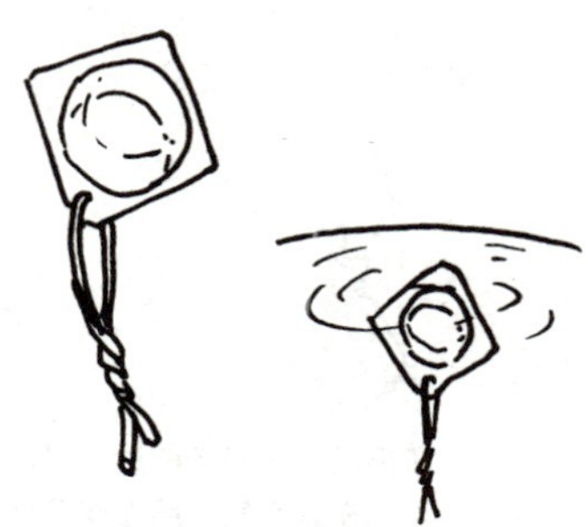

采用铜或黄铜等不易生锈的材料制成的金属丝或曲别针

3

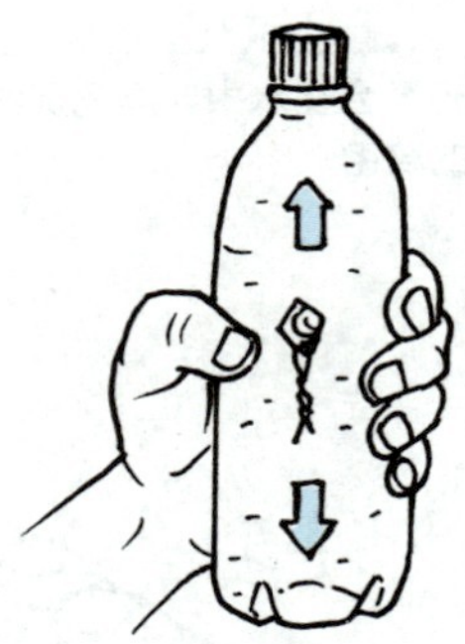

把以上制作完成的小东西放进塑料瓶里并装满水，拧上瓶盖。用力握紧瓶子时，这个气泡材料会下沉，而手松开一些的话，就会浮起。

4

做个像晴天娃娃一样的东西，安上坠子，让它刚好稍稍浮出水面一点点

塑料袋或保鲜膜等

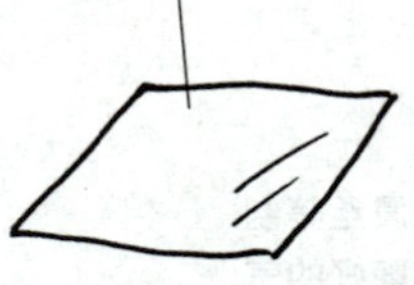

如果没有气泡垫的话，可以用塑料袋或保鲜膜等，给它充入空气，用橡皮筋把开口扎起来使用也能达到同样的效果。

有什么用途?

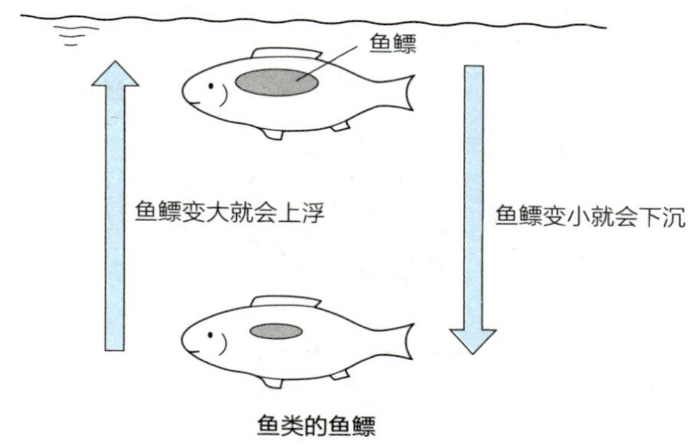

鱼类的鱼鳔

鱼类在水中是利用一个叫作“鱼鳔”的器官，通过肌肉用力改变它的大小（体积）来上浮或下沉的。缩小鱼鳔的体积，鱼所受到的浮力也会变小于是就下沉了。反之让鱼鳔膨胀起来后，浮力会变大就会向上浮起。

抹香鲸也是用同样的方法在水中沉浮的。在它位于头部的脑油器官里，装着蜡状的脑油。该器官利用较冷的海水和温暖的血液来调节温度。随着温度的变化，脑油在温暖时会呈液体状，在较冷时会变成固体，由此其体积也会发生变化。是液体还是固体和是否沉浮并没有直接的关系，但体积的变化会导致浮力的变化。

揭秘

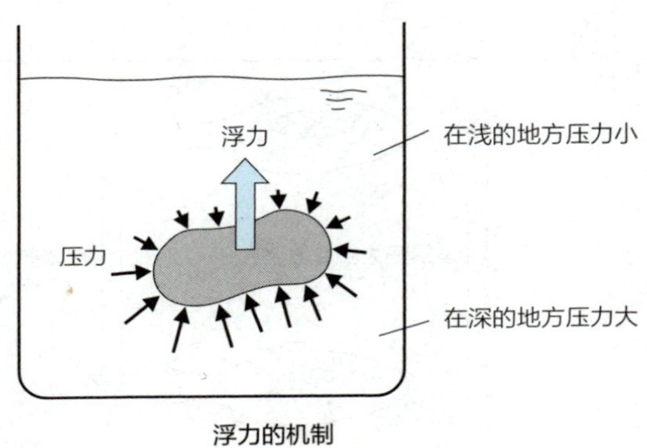

浮力的机制

处于流体中的物体，有浮力作用在其表面。这是为什么呢？

让我们参考上图中浸在水里的物体来看一下。正如在第7篇（第30页）中所说的，在液体中，越深的地方压力越大。因此，作用在物体上的压力也如上图中所示，越往下的位置越大。由于压力是朝着压缩物体的方向上作用的，所以作用在物体下方那面的压力中包含着一部分向上的力。虽然这个力并不大，但把各个方向上的力合计起来，就会发现整体的力的作用是向上的。这个向上的力，就是浮力。

浮力不限于液体，在气体中的物体同样也受到浮力的作用。比如，充入了氦气的气球或飞艇能够浮在空中，也都是受到了空气里的浮力作用。

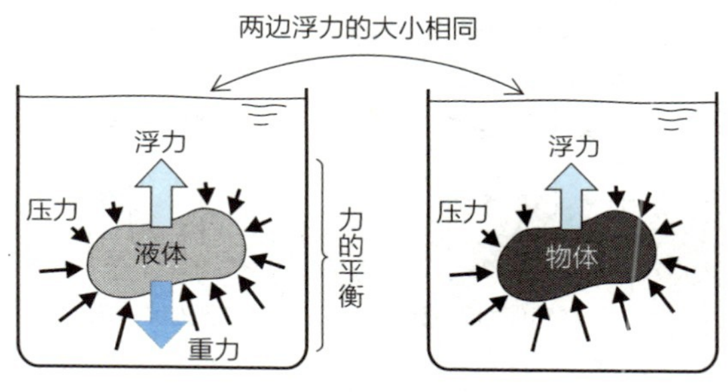

浮力的大小

接下来，让我们来试着研究下浮力的大小。

上图中，右图是处于液体中的物体（而且该物体无论是静止还是上下运动，它所受到的浮力大小都是相同的）。左图是把该物体拿走后，在原先物体所占的那个空间里装入与周围液体相同的液体。此时，作用在右图物体表面的压力和左图中取代了物体的液体所受到的压力，其分布情况是完全相同的。因为如果形状和深度都相同的话，压力的状态是不变的。这些压力的合力，即浮力是左右图相同的。

而在另一方面，因为左图中的液体是静止的，所以浮力和这部分液体的自重（重力）应该是相等的。因此可以知道，左图中的浮力和重力，以及右图中的浮力都是相等的。由此就能确认阿基米德定律“浮力的大小等于该物体所排开液体的重力”。

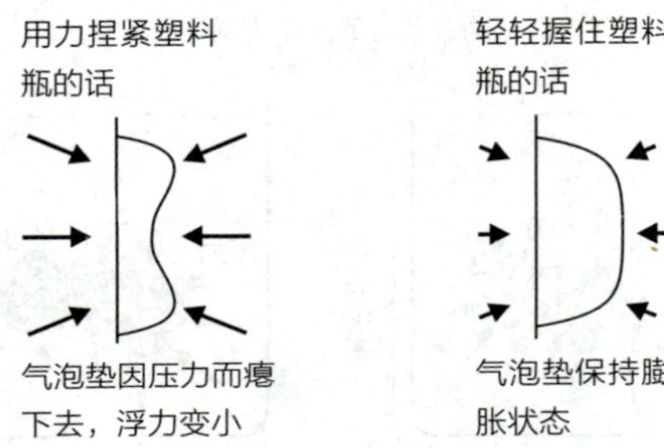
用力捏紧塑料
瓶的话
轻轻握住塑料
瓶的话
气泡垫因压力而瘪
下去，浮力变小
气泡垫保持膨
胀状态

小玩具在水中浮浮沉沉的秘密

由以上这些分析可以知道，浮力的大小随物体的体积而变化。

在“动一动手”版块中所介绍的小玩具（叫作浮沉子）就是利用了这个原理。用力捏紧塑料瓶的话，瓶中的气泡垫所受的压力会变大。该压力会挤压气泡垫材料里的空气，使气泡收缩（体积变小）。体积一旦变小，它所受到的来自水的浮力也会变小，此时由于自重相对变大，于是就会下沉。反之减小施与塑料瓶的握力的话，气泡垫材料里的空气会重新膨胀，于是浮力增加，浮沉子便浮起来了。

“有什么用途？”版块里的鱼类和抹香鲸也都是利用各自的方式来改变鱼鳔或脑油器官的体积，从而调节浮力大小的。这么一来，当它们游在水中时就可以非常省力地上浮或下沉了。

09 浮力 2

利用浮力的性质，无论形状多么复杂的物体都能轻松测出它的体积。

动一动手

1

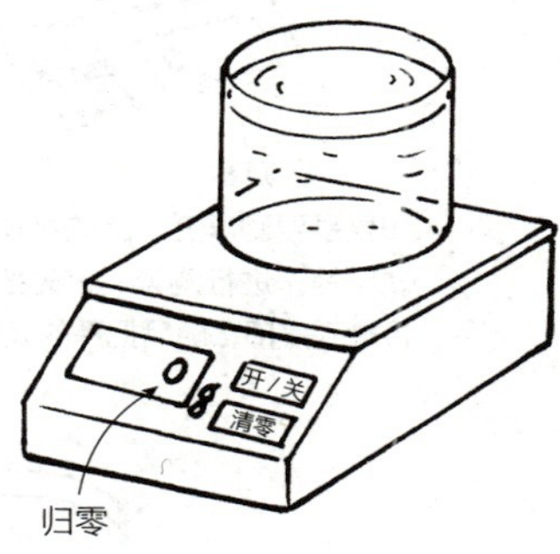

把盛了水的容器放到秤上，将重量的读数归零。用一根线吊着要测体积的东西放入水中。

2

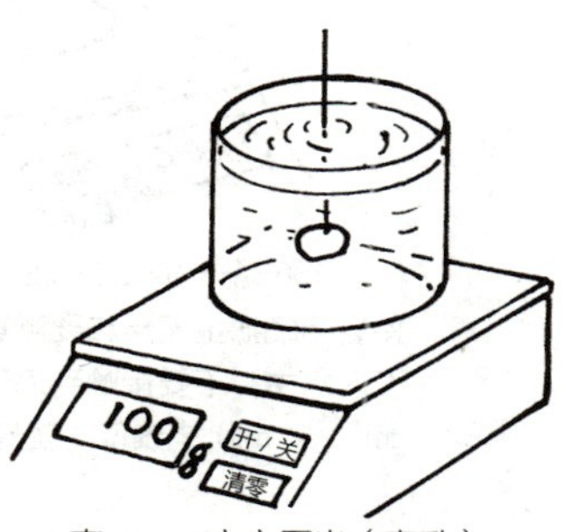

100 克→ 100 立方厘米（毫升）

把秤上所显示的 g（克）的数值按 cm^3（立方厘米）或 ml（毫升）来读取，就是所要测的体积。

3

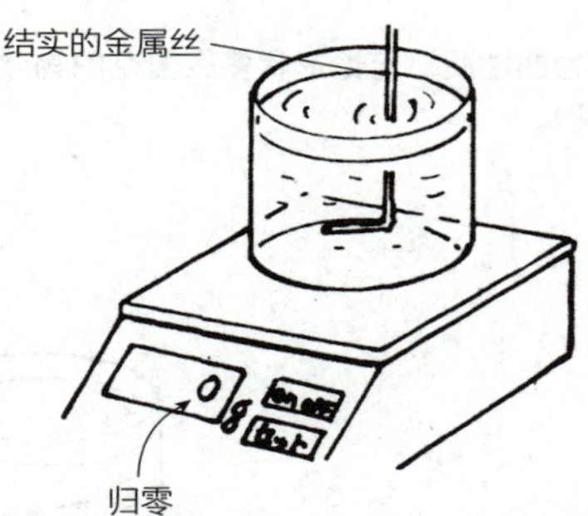

如果是要测浮在水上的物体的话，就使用结实的金属丝等来进行测算。首先把金属丝放入水中，不要接触到底部，随后把秤的读数归零。

4

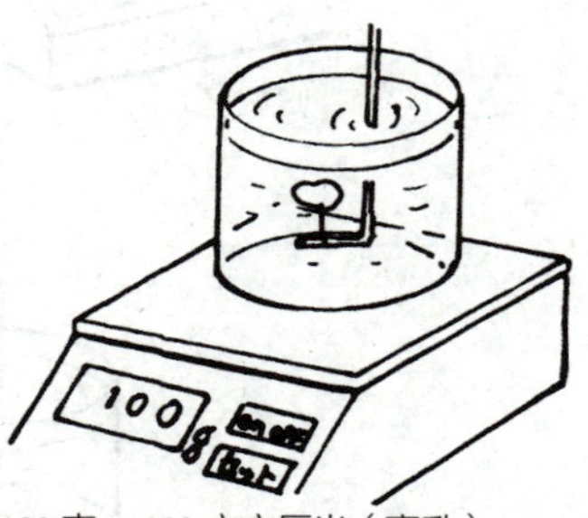

100 克→ 100 立方厘米（毫升）

接着用线把金属丝和要测算的物体连接到一起，浸没入水中，不要接触到底部。此时把秤上的数值以 cm^3（或 ml）来读取，就是所要测得的体积。

有什么用途?

船舶的大小通常用“总吨位”来表示。这是一个表示船体内部容积，并和装载量以及客舱空间大小有关的数值。

在船舶设计阶段，“排水量”的值是非常重要的，这个值关系到船身所受力的平衡。所谓排水量是指船体（位于水面以下的部分）排开水的量。正如在第 8 篇（第 35 页）中所提到的，被排开水的重量和浮力的大小是相同的。尽管排水量并非以体积来表示，而是用所排开水的重量来表示，但也能通过该值知道该船的大小。在“动一动手”版块中，根据秤的读数（重量）就能读出体积的值也是同样的道理。

总而言之，排开水的体积决定了浮力的大小（和排水量相同），该浮力与船舶的重量也是相同的。

揭秘

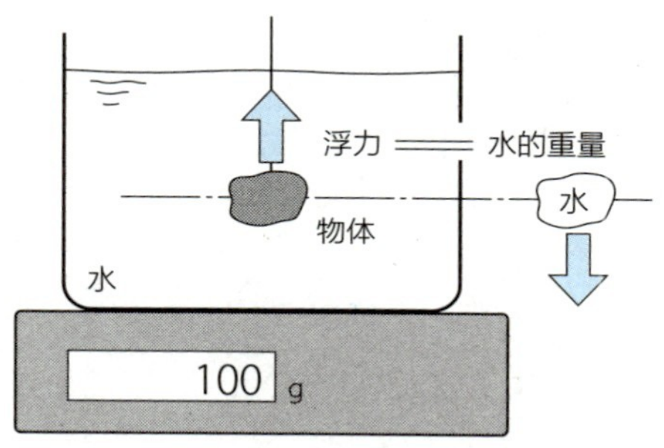

作用在物体和秤上的力

处于水中的物体会受到来自水的浮力。这时，水中还会因反作用力而有一个同浮力大小相同，方向向下的力在起作用。把物体放进水里后，秤的读数增加的部分正是这个力。

接下来就像第 8 篇里所说的那样，根据阿基米德定律，浮力的大小等于与该物体相同体积的流体的重量。因此“动一动手”版块里的秤所表示的值就是被物体排开的液体的重量。假设秤的读数为 100 克，那也就意味着物体排开水的重量为 100 克。而每克水的体积为 1 立方厘米（1 毫升），所以体积就是 100 立方厘米。方法虽然很简单，但能有效地测算出物体的体积。“有什么用途？”版块里，船舶的排水量也是根据这一性质得出的。

10 漩涡

漩涡可表现为台风、龙卷风、涡潮等，洗衣机里的水也能产生漩涡。这篇里让我们尝试下在塑料瓶里制造一个漩涡吧。

动一动手

1

在一张塑料纸上剪开一个直径约5毫米的小孔，然后盖到塑料瓶瓶口并用橡皮筋固定住。在塑料瓶靠近其底部的位置开一个小孔。

2

一边用手指按住底部的小孔一边装水。把瓶子颠倒过来，让其中的水从瓶口流出时就会形成漩涡（自由漩涡）。

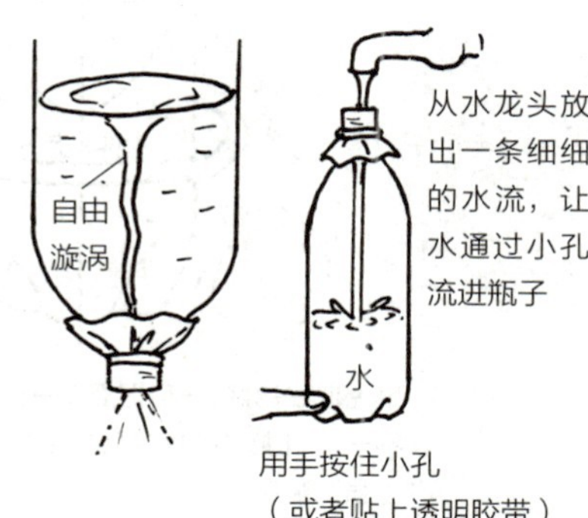

3

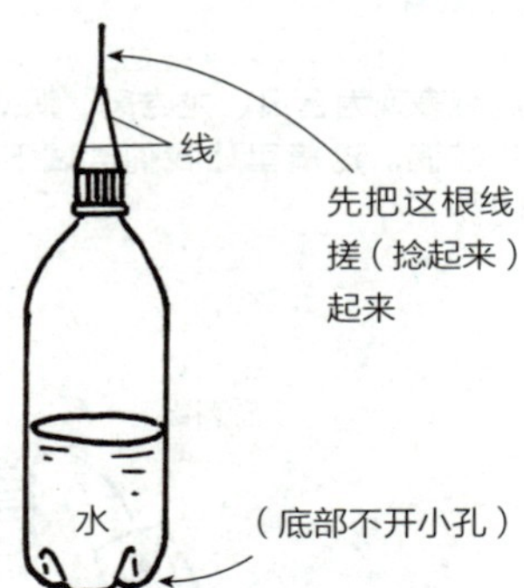

接着，另外再准备一只塑料瓶，用线绑住瓶口，让瓶子可以吊挂起来。装入半瓶左右的水。

4

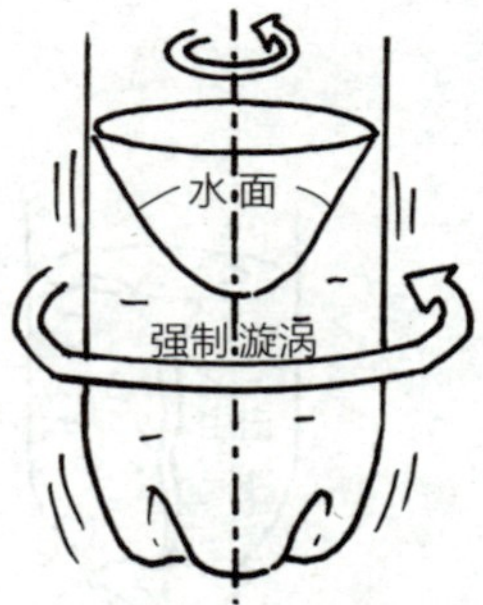

事先把线捻好，一旦把瓶子吊起来，它就会开始旋转，不一会儿瓶中的水就会随着塑料瓶一起开始旋转（强制漩涡）。

有什么用途?

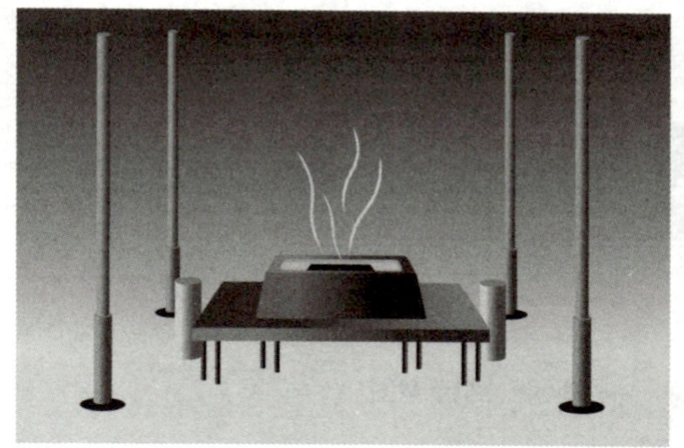

利用自由漩涡的吸烟角示意图

上图中的吸烟角的排气装置里有四根柱子，它们分别朝着各自旁边的柱子喷出空气，漩涡就是以此为基础产生的。四周的空气一边向中心集中一边被吸入该装置中。刚开始处于外围被带动着稍稍旋转起来的空气越往中心部分靠近，旋转程度就越剧烈。

花样滑冰运动员在旋转时，展开手臂就旋转得慢，弯起手臂贴着身体就旋转得快（角动量守恒定律），空气也会如此，越靠近中心部位，旋转的速度就会越快。通过空气的旋转，烟就会被排到室外而不会在室内扩散开。

“动一动手”版块里的第一个游戏和这个吸烟角的漩涡是同样的道理，都是靠近漩涡中心部位的旋转速度快。

这类漩涡叫作自由漩涡。

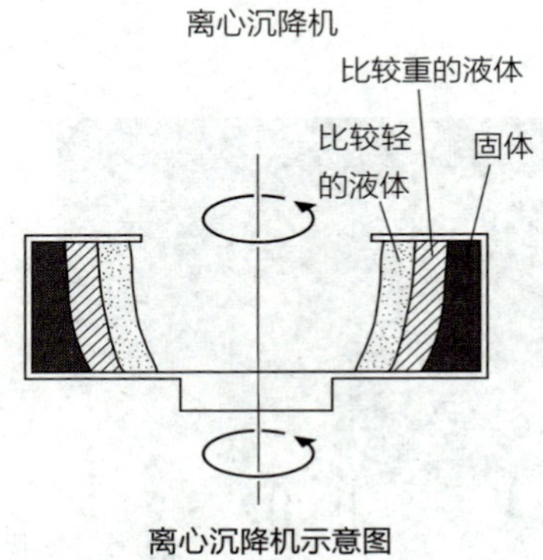

离心沉降机示意图

有一种离心分离机叫作离心沉降机，它是利用向外作用的离心力在短时间内把含有沙子等固体颗粒的液体，或者把数种液体混合而成的液体分离开的一种设备。

上图中的离心沉降机通过让倒入容器中的原液高速旋转，使原液分离出固体颗粒、较重的液体和较轻的液体。这时候，旋转的稳定性非常重要，因为旋转越稳定，液体就越会和容器一体化，一起运动。一体化就意味着液体没有发生变形，分离的过程中不会被搅拌，而是安安静静地被分离开。就好像旋转木马在旋转一样。

无论是离心沉降机还是“动一动手”版块里的第二个游戏，液体都是和容器呈一体化旋转的。越远离旋转中心，旋转速度越快的漩涡叫作强制漩涡。

揭秘

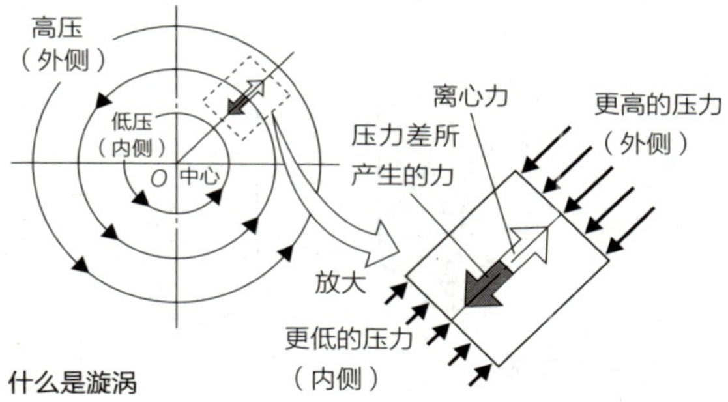

什么是漩涡

流体以某个点为中心进行旋转的状态叫作漩涡。“动一动手”和“有什么用途？”版块里的例子都是一种围绕着中心轴旋转的漩涡。

让我们来观察上图所示的位于水平面内的漩涡。无所谓该漩涡是自由漩涡还是强制漩涡，关键只要是绕着某个点旋转的流体就是一个合格的漩涡。因为在流体的粒子上有离心力产生作用，把流体向外侧推。随着流体粒子被不断向外推，结果就会导致越处于外侧，压力就越高。

放大图是显示了一部分流体中的力达到平衡时的一个状态。由于外侧压力相对高，内侧压力相对低，该压力差产生了一个向内作用的力。当该力和离心力恰好达到平衡时，这部分流体就不再向外侧或向内侧移动，而会在相同的半径上持续做圆周运动。此外，以上这样的现象无论流体是否处在一个容器内都会是同样的结果。

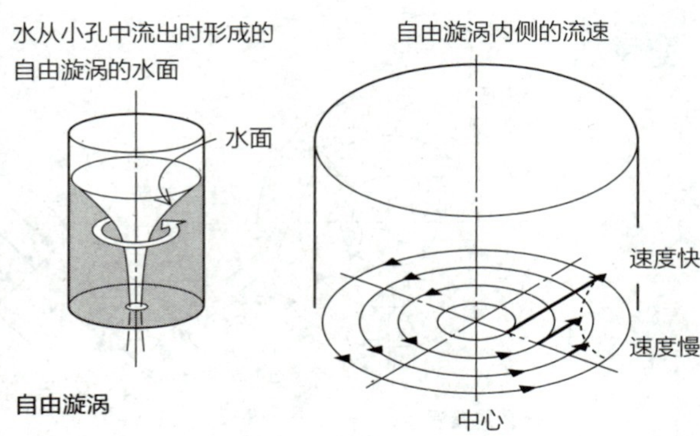

这类漩涡的代表就是在“动一动手”版块中出现的两种漩涡，自由漩涡和强制漩涡。

自由漩涡是在没有外部能量驱动的情况下形成的漩涡，无论是靠近漩涡中心还是外侧，流体所拥有的能量大小是相同的。由于外侧的压力大，所以只有该压力所换算而成的这部分能量（参见第 17 篇）的动能会变小，旋转速度会变慢。反之，靠近中心的位置压力小，因此动能会变大，旋转速度会加快。旋转速度和距离中心的半径长度成反比，越往内侧旋转得越快。

“动一动手”版块里的第一个例子以及“有什么用途？”版块里的吸烟角里所形成的都是自由漩涡。前者是通过让水从小孔中流出而形成，后者是通过一个小孔把空气吸入产生了些许的向中心流动的气流，随着该气流不断流向中心，旋转速度也就变得越来越大。

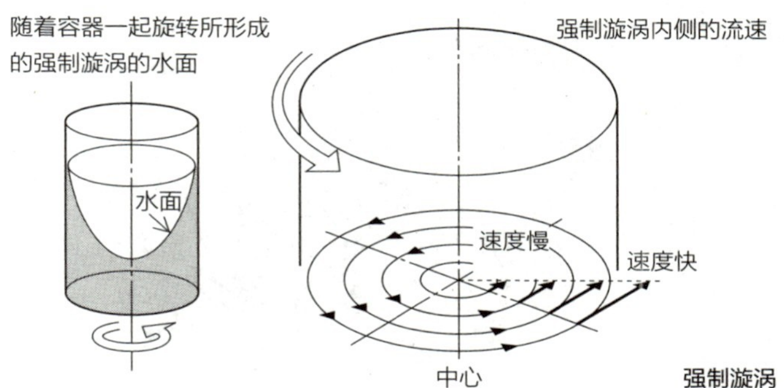

另一方面，强制漩涡是从外侧强制流体旋转所形成的漩涡，“动一动手”版块中的第二个例子和离心沉降机等都属于这一类。

随着不停旋转容器，最终当液体自身的旋转开始稳定下来时，流体就会和容器一起旋转。这和固体的旋转运动完全相同，旋转速度和距离中心的半径长度成正比，越往外侧旋转得越快。

“有什么用途？”版块里的离心沉降机是用来在短时间内分离固体粒子等物质的。在越往中心部位旋转得越快的自由漩涡里，流体常常发生变形。而强制漩涡的优点就是它里面的流体不会发生变形，因此流动状态不会被扰乱，能够安静地进行分离。

此外，自由漩涡的水面形状是呈向上凸起的，而强制漩涡的是呈向下凸起的。这种形态上的差异正是由该两种漩涡的旋转速度，是同距离中心的半径长度成正比还是成反比而产生的，并且该差异能够通过计算来判断。

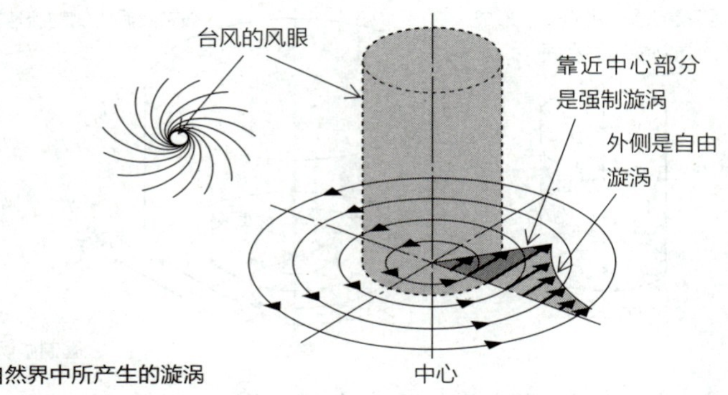

自然界中所产生的漩涡

在自然界中也有诸如台风、龙卷风以及像日本鸣门海峡的鸣门涡潮等漩涡。自然界中的多数漩涡并非外部受力而被强制旋转产生的，而是更接近自由漩涡。不过，相对于完全的自由漩涡里的旋转速度和半径成反比，中心部分的速度会无限大，自然环境中的漩涡的中心速度是零。由于中心速度为零的漩涡属于强制漩涡，这就意味着台风、龙卷风和涡潮的外侧是自由漩涡，靠近中心部分是强制漩涡。因为台风的风眼正处于这强制漩涡的范围之内，所以，越接近处于中心位置的台风风眼，风就越弱。

这种外侧为自由漩涡，靠近中心部分的内侧为强制漩涡的漩涡称为组合式漩涡。

另外，“动一动手”版块的第一个例子里，当空气穿过中心线时，它几乎是一个自由漩涡，而当空气部分被中断时，它成了一个组合式漩涡。

专栏

揭秘搅拌后向内侧聚集的茶叶

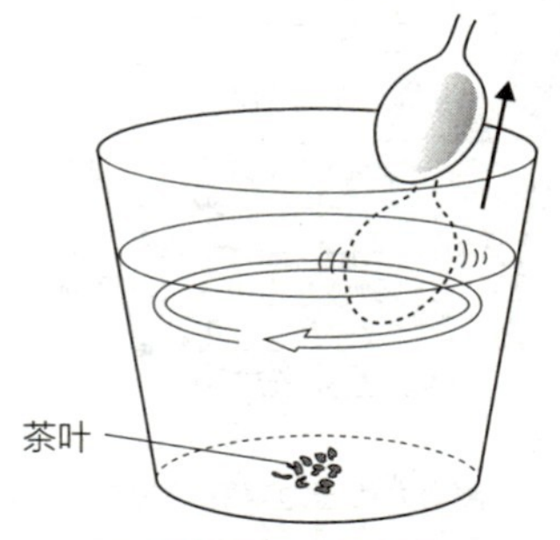

聚集在茶碗中心的茶叶

当茶叶沉入到茶碗底部时，茶叶会在被搅拌一下后，开始聚集到碗底中心。一般来说旋转时应该会受到离心力的影响而向外侧移动，为什么茶叶反而会向中心聚集呢？

当流体和茶叶旋转的时候，都会受到方向向外的离心力的作用。这时，流体被离心力推向外侧，因此越往外侧，压力越大。当外侧和内侧的压力差所产生的力和离心力达到平衡时，流体就会既不向外运动也不向内运动，而是在一个半径相同的位置上持续旋转。

搅拌茶碗等容器里的流体后，在离开碗底一定距离的地方，因外圈和内圈的压力差所产生的力和离心力几乎达到平衡，因此就会像上文中所述的那样，流体基本会在一个半径不变的位置上持续旋转。

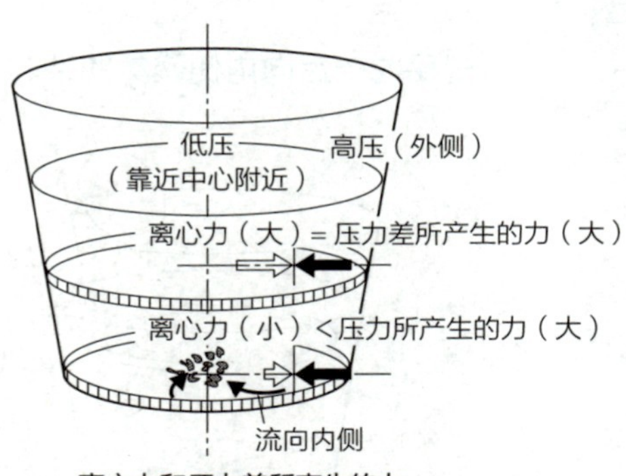

离心力和压力差所产生的力

但由于在距离碗底较近的流体中，有碗底和流体间的黏滞阻力（参见第 2 篇，第 9 页）起了刹车作用，因此流速会变慢，从而导致整体的离心力也会变小。而另一方面，因为不存在上下对流，所以碗底附近和上方部位之间的压力分布基本不会发生改变（上方部位的压力分布会呈随着深度而改变的压力均匀增加的状态）。总之，外圈和内圈间的压力差也几乎和上方相同。由此便会使得在靠近底部的位置上，与由压力差所产生的力（几乎和上方部位相同）相比，离心力（比上方部位小）变小，流体一边旋转一边向中心流动。随后这股水流会在碗底中心附近转而向上方流动，而茶叶就会随着这股水流聚集到碗底中心。

像这种相对于整体水流（在这里是旋转流动）而言，朝着直角方向流动的流体（在这里是朝着中心流动）称为二次流。

11 表面张力 1

液体具有该液体的分子间尽可能相互聚拢到一起的性质。因此，液体表面存在一种称为表面张力的力。

动一动手

1

把水注入 5 日元硬币的小孔中，使孔中形成水膜。只要水不会滴下来，请尽量多注入些水。

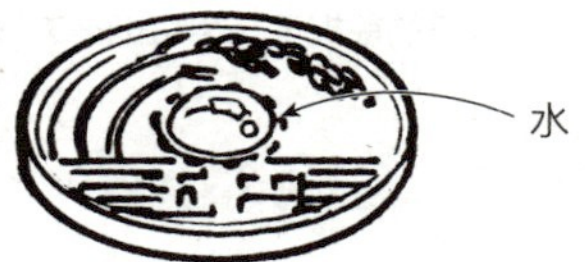

2

通过小孔来看一下报纸上的文字。水会成为凸透镜，当硬币和报纸保持合适的距离时，会使文字看起来变大。

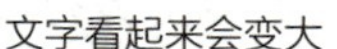

3

接着，用手指擦一下小孔，去除一些水。在不破坏水膜的前提下，尽可能多去除些水。

4

文字看起来会变小

同样通过小孔来看一下报纸上的文字。这次水变成了凹透镜，文字看起来会变小。

有什么用途？

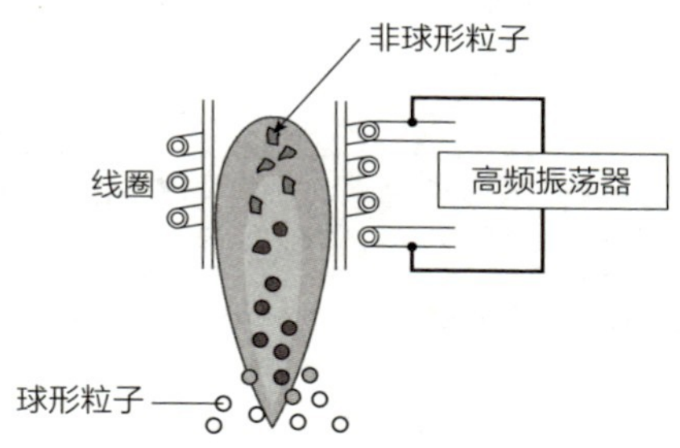

借助表面张力制造球状粒子

在液体表面存在着叫作表面张力的力。在航天飞机等处于无重力状态的环境里，由于无重力作用，漂浮在空间里的水只受到表面张力的作用，所以会呈球形。

上图中就是利用了这一原理来制作非常小的球形粒子。首先，使用叫作高频振荡器的电子设备来产生超高温环境（热等离子体）。再把作为原材料的粒子（非球形粒子）投入其中，让它掉落（无重力状态）。粒子会因高温而立刻融解成液态，并受到表面张力作用变成球形。只要粒子的尺寸不大于 10 微米（1 微米是 1 米的一百万分之一），在表面张力的作用下，它就能形成一个完美的球形。

这种技术常用于制造化学原料、化妆品原料以及合金原料等。

揭秘

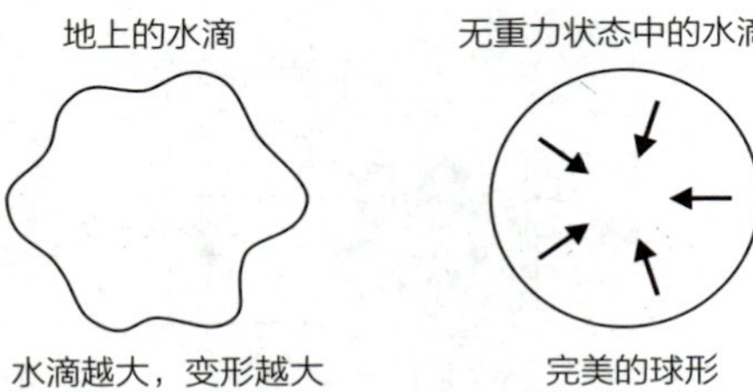

受到表面张力作用的水滴

液体中有把分子相互拉到一起，尽可能向中心聚集的力（凝聚力）在发生作用。在航天飞机等无重力环境中制作水滴，水滴会因这种力的作用而呈球形。把这种现象放到地球的海面上来看一下。如果没有风等因素影响的话，海面的高低起伏是因为海水受到重力的作用而试图变得平整。所以，从地球整体来看待这种现象的话，海面还是属于接近球形的。

一颗液滴上，凝聚力也像作用于海水的重力一样把液体向中心拉扯，使液滴接近球形。如果换个角度来看，也可以把凝聚力考虑成一种将液体表面拉到一起，使液体向内收缩的力，这种力就叫作表面张力。它和气球的橡胶膜以充满其中的空气为中心向内推压时，橡胶膜自身相互间拉扯的现象是一样的。如果把表面张力想象成覆盖在液体表面的一层薄薄的橡胶膜，或许会更容易理解吧。

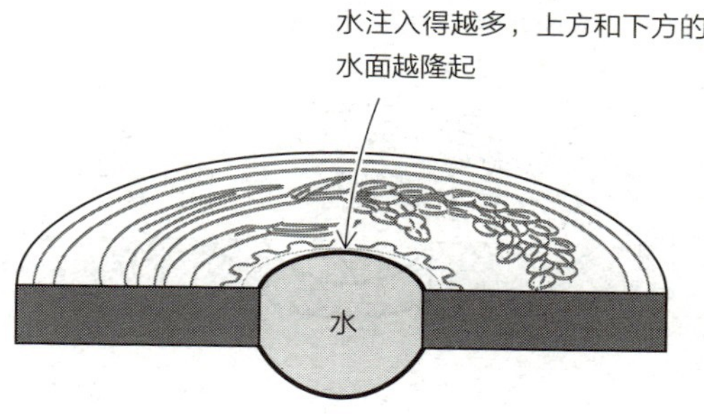

5 日元硬币的凸透镜

大家都知道，向杯子里倒满水，水面会向上隆起也是因为表面张力的作用。

“动一动手”版块里首先注入尽可能多的水的时候，水面在 5 日元硬币的上方和下方都呈隆起状。水面因为受到表面张力的拉扯，所以不会滴落下来。如果把水面看成橡胶薄膜，就可以理解为其中的水被这层橡胶薄膜支撑着。

水面一旦形成如上图中的形状，越靠近中央的位置越厚，便成了凸透镜。接着只要和报纸保持适合的距离，就能把文字放大。也就是说以后如果遇到报纸上的字太小看不清时，就能用 5 日元硬币和水来帮助我们看清。

不过，它的孔洞太小，基本谈不上有什么实用性……

让我们继续来看下“动一动手”版块里的凹透镜。

下方的水面基本和前页中呈“凸透镜”时的形状相同，由表面张力支撑着。

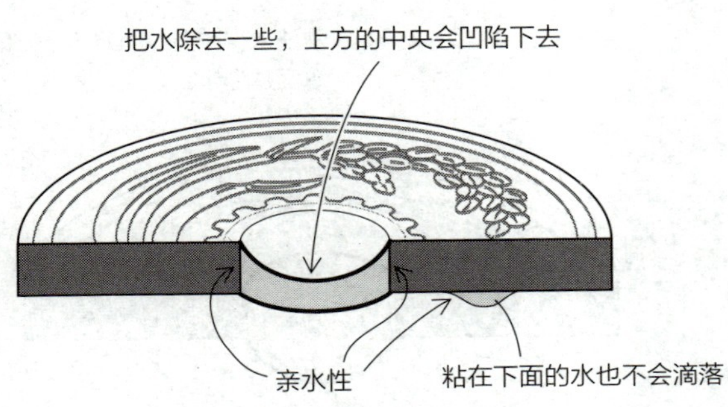
把水除去一些，上方的中央会凹陷下去
亲水性
粘在下面的水也不会滴落

5 日元硬币的凹透镜

而上方的水面呈现出朝下方垂下的形状也是因为表面张力的作用。如果把上方的水面也看成是一层薄薄的橡胶膜的话，就能理解这种支撑现象。

小孔表面之所以会和水粘连在一起是由于其表面具有易于被水弄湿的性质，这种性质叫作亲水性（能产生出固体分子和水分子之间相互牵引的力）。比如粘在硬币下面的水不会滴落，就是这个原因。如果在玻璃杯里只倒入半杯水，只有接触杯子内侧部分的水面会隆起，这也是亲水性所产生的作用。

“动一动手”版块中，水的量一旦不够占满整个小孔，就会因亲水性的作用而使水必定接触到小孔的表面，由此位于中央的水膜就不得不变薄，从而形成了凹透镜。

12 表面张力 2

不同种类的物质，有些难以沾水，有些易于沾水。利用这种性质可以做出让人啧啧称奇的事情。

动一动手

把餐巾纸展开，喷上防水喷雾剂，等它干燥（这时请保证空气流通良好）。

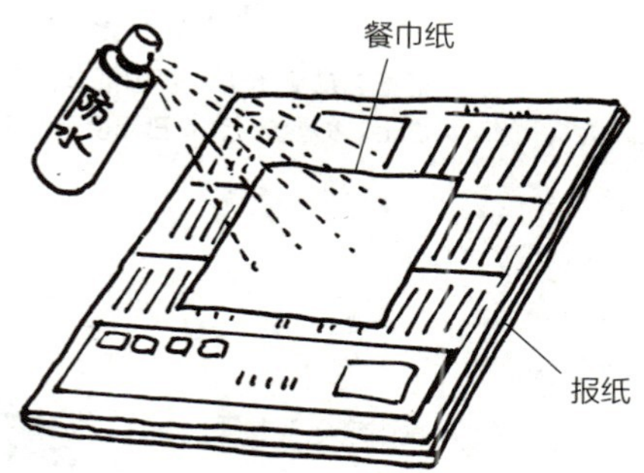

2

餐巾纸干了之后把它剪成边长为 5 厘米左右的正方形。

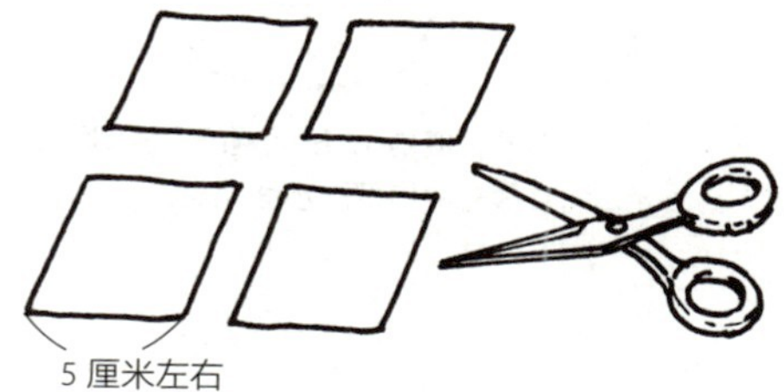

3

放上 10 日元硬币也不会沉

请把它放到水上。餐巾纸非但不会湿，还会浮在水面上。即使放上 10 日元硬币也仍会浮着。

4

餐巾纸会飞走

接着，取走 10 日元硬币，从侧面吹餐巾纸。餐巾纸会很轻易地离开水面飞走。

有什么用途?

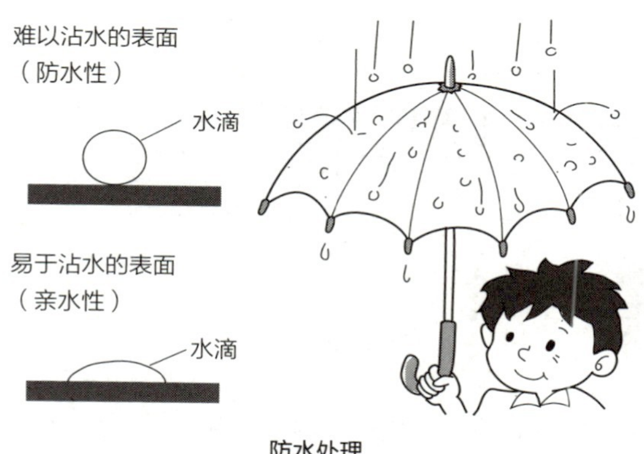

防水处理

在我们身边有很多被处理成能把水弹开的物品，如西服、包、鞋子和雨伞等都经过了难以沾上水滴的防水处理；滑雪服处理后很难让潮湿的雪花沾上；汽车则是为了防止车窗玻璃上起雾或者弄脏车身，处理成让水弹开的效果。

固体表面的这种会把水隔开的性质通常称为防水性。不管是“动一动手”版块里的防水喷雾，还是以上所举的这些应用实例都是利用了这种防水性。

与之相反，玻璃以及第 11 篇（第 56 页）里的 5 日元硬币，这类易于沾水的性质则叫作亲水性。是具有防水性还是亲水性是由该固体（以及涂在表面的材料）的分子构造等所决定的。

揭秘

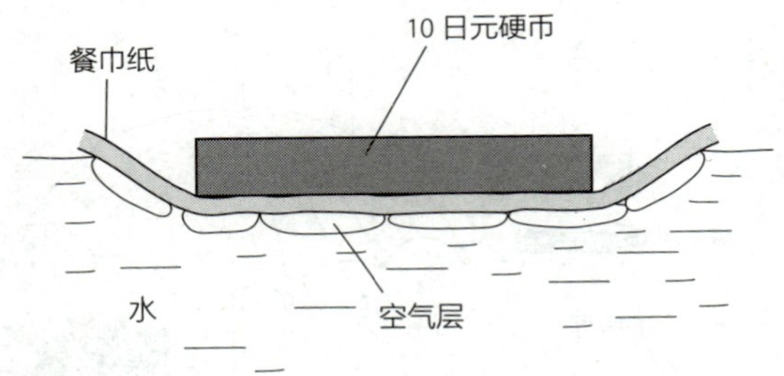

浮在水上的餐巾纸

在“动一动手”版块中，将防水喷雾剂喷到餐巾纸上，使它具有了防水性。把水滴滴到它上面时，水会被隔离开，水滴会变成珠子状。将餐巾纸浮到水面上，接触纸巾的那部分水会被隔离开，由于水的表面张力会在纸巾和水之间形成一层空气层。即使放上一枚 10 日元硬币，凭借着这层空气层也能浮在水面上。

海獭以及水禽等能从体内分泌出油脂覆盖在它们的体毛或羽毛的表面。这层油脂能把水隔开，并在体毛或羽毛之间充满空气从而就能使它们浮在水面上。

在“动一动手”版块里，吹一下餐巾纸，餐巾纸就会立刻飞走也是因为纸巾和水之间形成了空气层。水禽能轻松地从水中起飞也是同样的原理，即它们的羽毛表面和水面之间有一层空气层。

13 层流和紊流

流体的流动状态有井然有序的“层流”和杂乱无章的“紊流”两种状态。处于这两种状态的流体都各有完全不同的性质。

动一动手

1

让我们来观察下从香上冒出来的烟。烟在刚开始会完全划着一条笔直的线，整齐地升向空中（层流）。

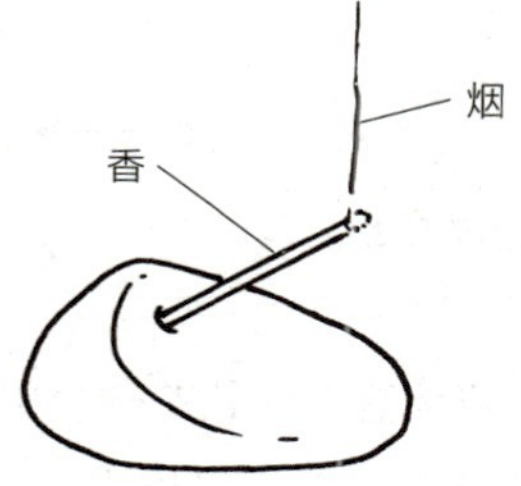

2

但是，当上升了十几厘米后，其行进路线突然就会变得混乱（紊流）。无论用什么方法来使周围处于无风环境，它都会变乱。

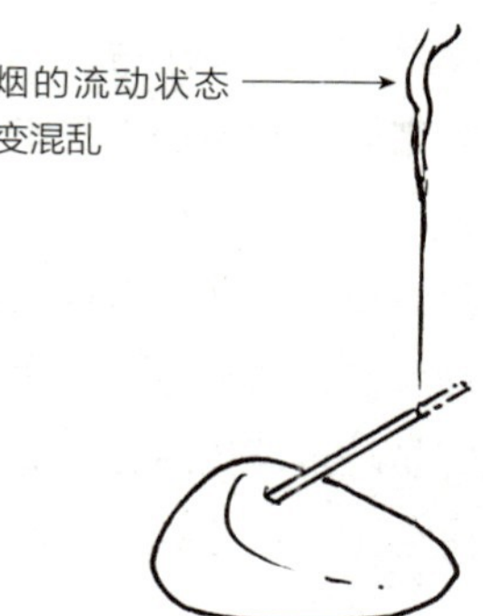

有什么用途？

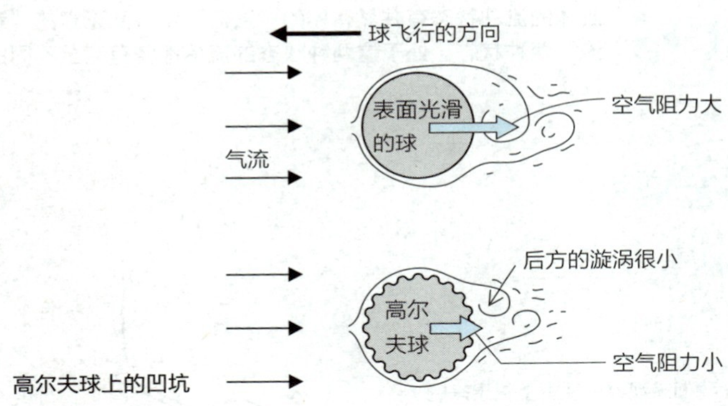

流体流动的状态分为层流和紊流两种状态。“动一动手”版块里，从香上冒出来的烟在刚开始笔直向上升起时的状态属于层流，随后其行进路线变得杂乱无章时的状态属于紊流。这两种状态各自所具备的特性都有用途。

高尔夫球的表面布满了叫作凹坑的凹陷，这样的设计是为了利用紊流来减少空气阻力，增加球的飞行距离。通常情况下，气流会在飞行中的球体后方形成漩涡，从而增加空气阻力。而高尔夫球表面坑坑洼洼的凹坑会扰乱球体四周的空气流动状态，主动地产生紊流。气流一旦进入紊流状态，就会很容易绕过球体后方，后方所形成的气流漩涡就会变小。最终使空气阻力变小。

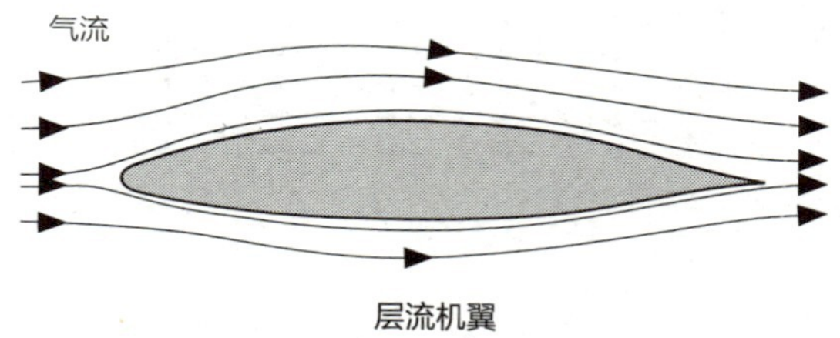

层流机翼

仿鱼鳞的泳衣也是应用了同样的原理，在泳衣表面制作出凹凸不平的凸起从而制造紊流，减小水的阻力。

另外，在飞机的主翼类型中，有一种利用层流的层流机翼，它的阻力小，如滑翔机以及新式的喷气式飞机等都采用这种机翼。

高尔夫球和仿鱼鳞的泳衣均为主动地制造紊流来减小阻力。但是，飞机的主翼后方是设计成难以形成紊流的流线型（参见第 26 篇），因此不太需要主动制造紊流。一般来说，和紊流相比，层流这种流动井然有序的流体状态会使摩擦阻力减小。由此，层流机翼正是利用层流来减小阻力的。

普通机翼上最厚的部分是在机翼前部的三分之一处，而层流机翼则是在靠近中央的位置，所以层流的范围因这样的结构得到扩大，能够减小摩擦阻力。不过，层流机翼也存在比如其表面必须打磨得非常平滑等问题，因此只适用于一部分飞机。

揭秘

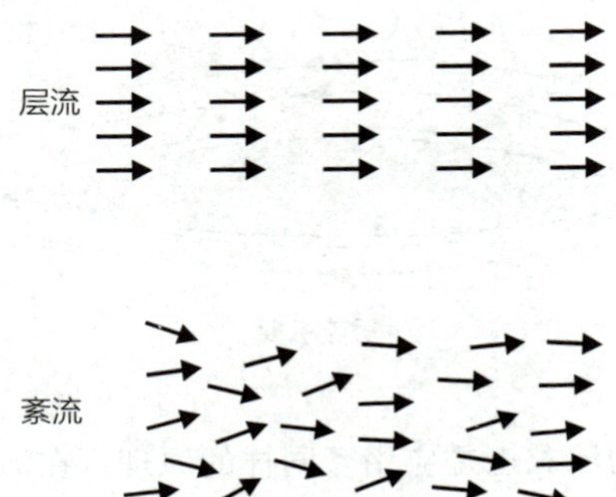

层流和紊流

流体的流动状态有层流和紊流两种。两者之间最本质的差异在于是否有速度的变化（混乱）。

所谓速度变化是指由于随着时间发展速度经常发生变化，从而使得变化的方式因周围环境不同而不同。流动中的流体具有潜在地，试图做不规则运动的特性。

另一方面，流体具有黏性（参见第 2 篇，第 9 页），它会成为流体在变形时的阻力。黏性具有抑制流体中的各个分子自由移动的作用。

速度越小，黏性越强（黏度大）时，黏性的影响就表现得越明显，流体运动的混乱状态一旦因此被抑制住就变成了层流。反之，速度越大，黏性越弱（黏度越小）时，运动状态就越容易变得混乱而变成紊流。

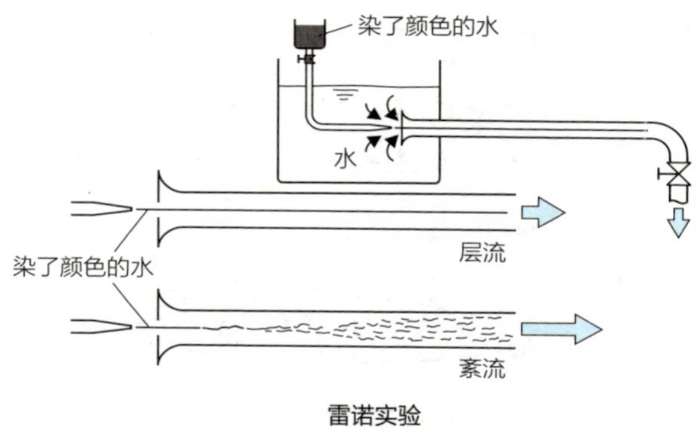

雷诺实验

关于层流和紊流，有个非常著名的雷诺实验。在 19 世纪 80 年代，英国的奥斯本 · 雷诺让水流入试管中，再在该水流中注入染了颜色的水进行了该实验。

水流缓慢时，染了颜色的水不会扩散开，几乎呈一条直线状流动。此时试管中的流体属于层流，完全没有混乱，整齐划一地流动着。

接着，他慢慢加快水的流动，当到了某个临界点时，染了颜色的水突然变得混乱，在试管中扩散开，流向各处。这时的流体属于紊流，由于水流基本以混乱的状态流动着，导致染了颜色的水也急速扩散。

在“动一动手”版块中，烟离开香的瞬间时的状态是井然有序的，是层流。但当上升到一定高度时，流体原本所具有的，倾向于变得混乱的性质开始起作用，于是就变成了紊流。

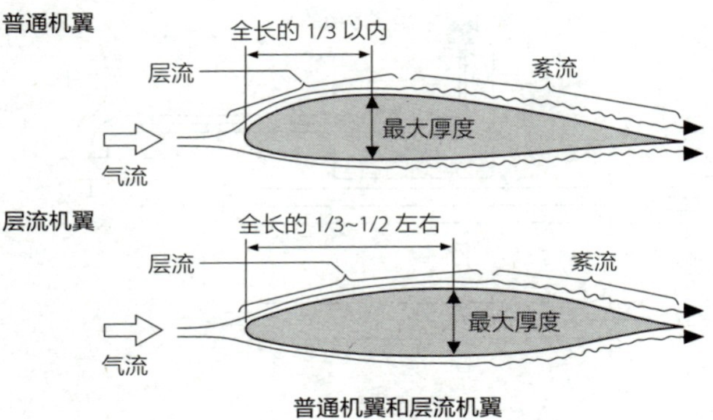

普通机翼和层流机翼

无论采取多么周全的措施来保证其不受风的影响，最终都会变成紊流。

沿着物体表面流动的流体也是同样道理，当流体接触到物体后的一刹那，必定处于层流状态，但在沿着物体流动的途中，会变成紊流。

普通机翼设计成机翼前部三分之一左右的部位的厚度是最大的。与之相对，“有什么用途？”版块里的层流机翼，则把最厚的部位挪到了靠近机翼中部的位置。通常情况下，到机翼上最厚的部位为止的空间里不会产生紊流，会保持层流状态。而层流机翼上低摩擦阻力的层流范围得到了扩大，从而把阻力控制得很小。

14 空穴现象

压力一旦变低，使水达到沸腾的温度就会下降。这时所产生的现象称为空穴现象，即使在室温中也能让水沸腾。

动一动手

1

准备一根透明软管，安装到水龙头上。用软管管箍等牢牢固定住。

2

用橡皮筋绑住一次性筷子的一端，夹住软管。

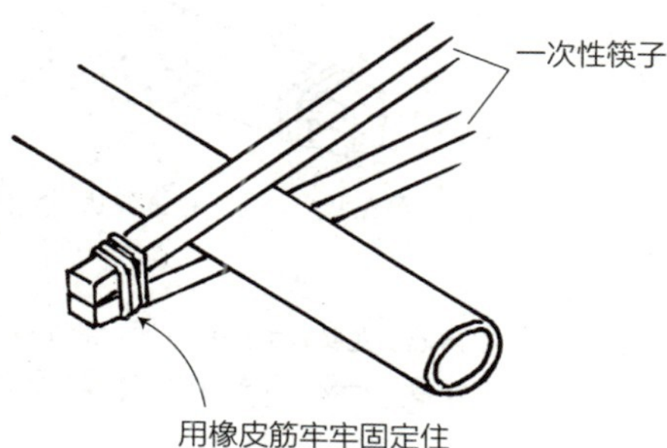

3

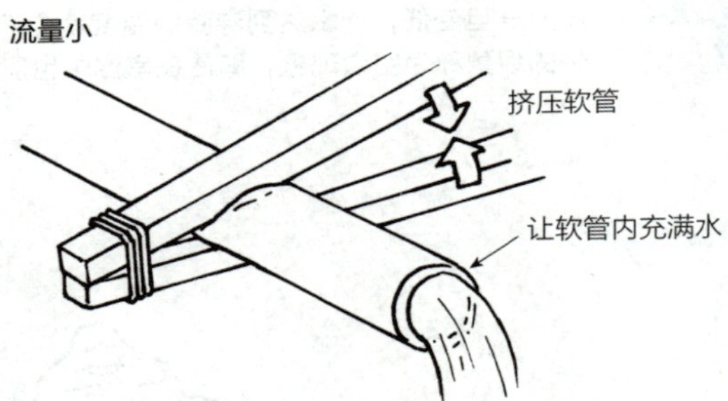

请用一次性筷子用力挤压软管，并把水龙头稍微打开一些。调整到水流的通道尽可能细。

4

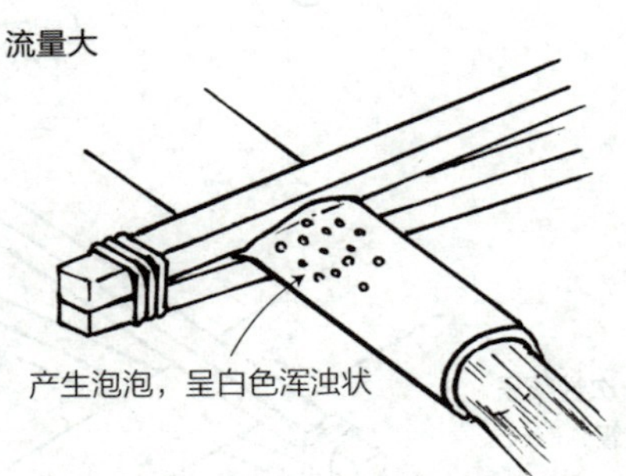

再把水龙头开大些来增加水的流量，便会产生泡泡，会有“唰唰唰”的声音。接着水便开始沸腾（汽化）。

有什么用途?

船舶的螺旋桨旋转得越快，船舶就行进得越快。但无论多卖力地不断加快旋转速度，最终都会在某个速度上达到极限。一旦旋转得过快，在接触螺旋桨的水中会有一部分区域里的压力变低，从而导致水开始汽化（沸腾）。汽化一旦开始发生，推进力就会下降。并且不止如此，有时还会损伤螺旋桨，甚至造成事故的发生。

和“动一动手”版块中逐渐开大水龙头，当达到某个流速时会产生气泡一样，螺旋桨也会在达到某个转速时开始发生水的汽化，产生气泡。

这种现象称为空穴现象。在研制船舶的螺旋桨时，为了防止空穴现象，采用了诸多有效的相关研究成果。

揭秘

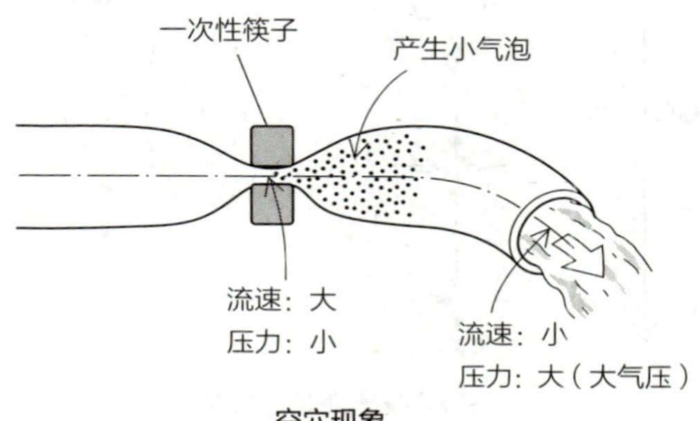

空穴现象

液体中的一个个分子会随着压力的不断下降而变得越来越活跃，越来越容易发生汽化。液体开始发生汽化的压力叫作饱和蒸汽压。比如，20 摄氏度的水的饱和蒸汽压是 2338 帕（约为一个大气压的 2.3%，是一个非常小的压力），当压力低于这个值时，就会发生汽化。

此外，在很高的山上，水的沸点会降到 100 摄氏度以下也是同样的道理。

在“动一动手”版块中，软管被挤压的部位中的流速会增大。在这个位置上，只有动能增加了的那部分水的压力会下降（参见第 18 篇）。随着进一步打开水龙头增加流速，压力加剧减少，最终开始发生汽化，引发了空穴现象。正是水汽化后形成的泡泡使水看起来呈白色浑浊状。

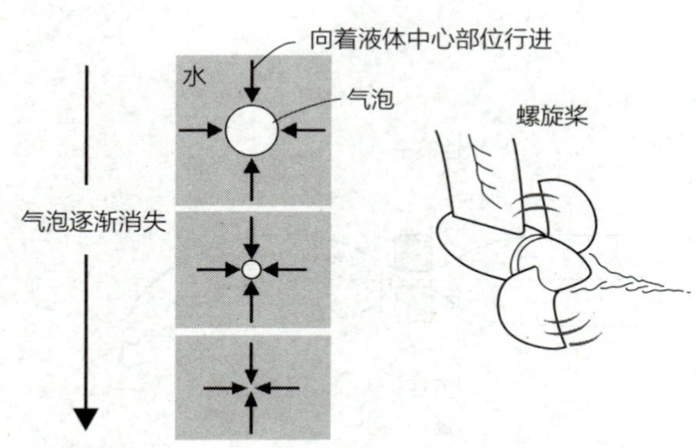

空穴现象气泡的消失过程

船舶的螺旋桨也会在超过某个转速时，局部区域里的水压降到饱和蒸汽压以下，导致空穴现象发生。气泡一旦产生，螺旋桨就无法将力传递到水中，于是船舶的推进力就不能发挥作用。

除了这个问题，空穴现象还会带来其他不好的影响。在低压区域里，局部产生的气泡会移动到高压区域并开始液化，最终气泡会全部消失。这时就存在一个问题。气泡在逐渐变小的时候，其周围的液体会向着气泡中心行进，而在气泡消失的瞬间，这股液体会和从对面行进而来的液体发生碰撞。这种碰撞会使液体中的压力在刹那间变得很高，就会对其四周的物体造成破坏。如果空穴现象持续发生，物体表面会遭到剐蹭，甚至导致彻底报废。这种现象称为穴蚀。

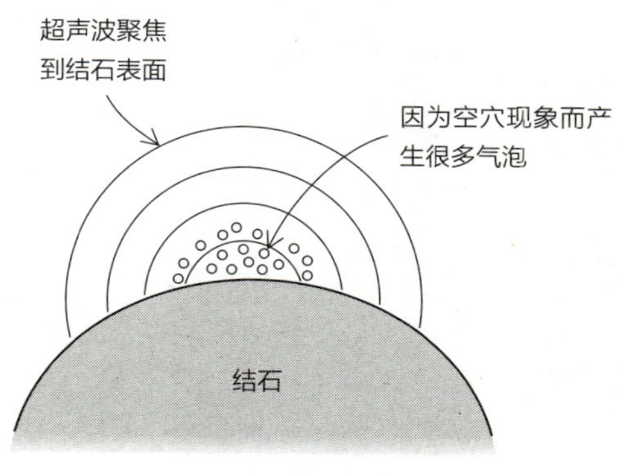

应用于治疗结石

由此可见空穴现象是一种经常会给机械设备造成损害的现象。在设计制造一些比如把水送上高层建筑的泵等利用液体的设备时，尤其需要留心不要让空穴现象发生。

不过，空穴现象并不只会带来不好的影响。如在无创医疗（不切开身体，不往体内植入东西的医疗技术）领域，可以将它有效应用于结石治疗等方面。

在胆囊和尿道中形成的固体块状物就是结石。利用空穴现象的医疗技术是用超声波聚焦，直接穿透人体打到结石表面，使得结石附近产生强烈的压力波动，从而引发空穴现象的。利用因空穴现象而产生的气泡在消失瞬间所产生的巨大压力，从结石表面将它打得粉碎。

15 加速度运动 1

在拿着装满水的杯子行走时，一不小心就会让水洒出去。但如果了解液体的特性的话，就知道有办法能很好地解决这个问题。

动一动手

1

把塑料瓶的上半部分剪去，制作成一个杯子，把水倒进杯子里，试着拿着它走走看。一不小心，水就会洒出去。

一边拿着杯子一边走，
水会洒出去
剪开
水

2

接着，给杯子穿上线绳，让它能悬挂起来。

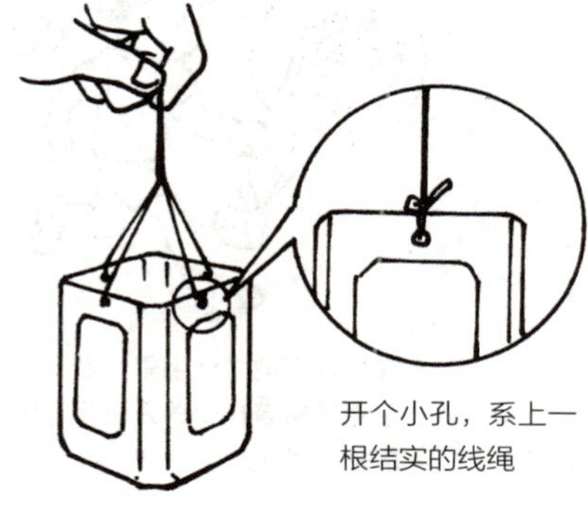
开个小孔，系上一
根结实的线绳

3

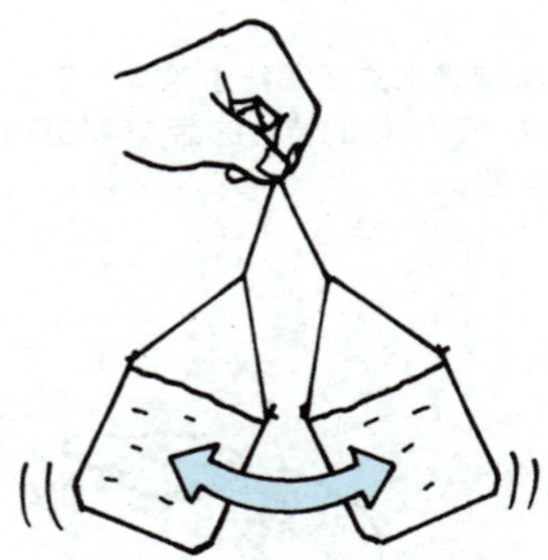

把水装入这样的杯子里，提着线绳走走看，会发现即使稍有点晃动，水也不会洒出来。

4

在操场等地方让手里拎着穿了线绳的杯子的人和用手直接拿着杯子的人进行一场赛跑，就更清楚其中的差别了。

有什么用途?

有的送荞麦面或拉面等外卖的专用摩托车的货架稍稍经过了一些精心的设计。首先，它的货架是防震的。其次，即使发生震动也不会把里面的食物打翻，汤汁更不会洒出来。

其中的一个玄机就在于货架是悬挂起来的。和“动一动手”版块里的杯子一样，把容器悬挂起来之后，其中的液体就变得不容易洒出去。无论是开始移动流体，还是改变运动方向，或是停止运动时，流体都会处于做加速度运动（速度发生变化的运动）的状态。此时由于在加速度的影响下水面会发生倾斜，任何预防措施都没有的话，液体就会泼洒出去。但把容器悬挂起来，容器就会自动倾斜向一个刚好合适的角度。

“动一动手”版块和外卖专用货架里的液体不会洒落，正是因为容器能很好地跟随着水面运动。

揭秘

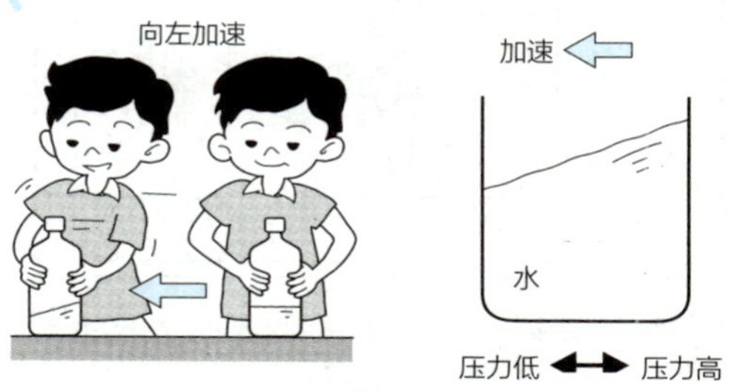

加速时容器内部的水

试着来思考下像上页图中那样，把装了水的容器向左移动的情况。虽然容器开始向左移动了，但其中的水由于惯性的缘故仍留在原位。因此一部分水会被推向容器右侧，水面会呈越往右越高的状态。

就像第 7 篇（第 30 页）中提到的，水深越深，水压越大。由此就能推测容器底部所受到的压力是越靠近右侧越高，越向左侧则越低。

对此我们可以做个试验，在塑料瓶里灌满水再拧上瓶盖，然后在水平的桌面上移动瓶子。要领是在开始移动时得慢慢地逐渐加速。加速度保持不变的话（以恒定速率提高速度），水面也会不再晃动而保持一定的倾斜角度。稍稍练习一下就能做得很好了。加速度越大，水面就会倾斜得越厉害。

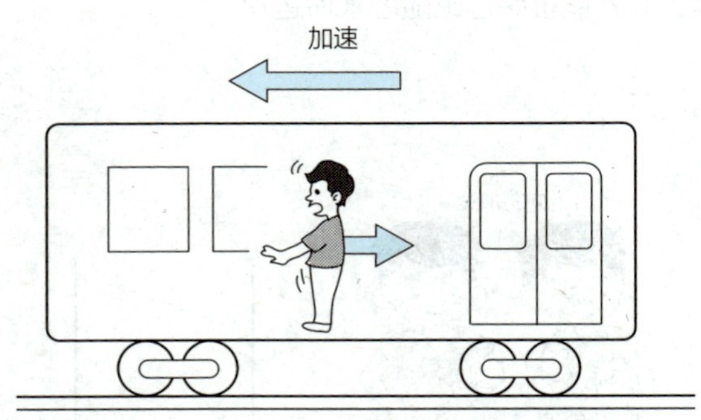

列车开始启动后，人就受到了惯性力的作用

启动的列车和惯性力

为了准确弄清楚加速度和水的倾斜角度的正确关系，让我们试着加入惯性力的概念来思考。当让一个物体做加速度运动时，以和该物体相同的速度（或者乘坐在该物体上）对该物体进行观察就会发现，有一个看起来似乎和加速度方向相反的叫作惯性力的力在发生作用。

对于这种现象，联系上乘坐列车时的经验也许更容易理解。列车一旦启动，乘坐在列车上的人会受到和行进方向相反的力的作用而向后方倾斜，这个朝着后方的力就称为惯性力。以稳定的速度行进的列车要刹车时，加速度就会掉转头来朝向后方，人就会受到和行进方向同向的力的作用，从而向前方倾斜。

总之，惯性力是向着和加速度方向相反的方向发生作用的，而它的计算公式为

惯性力 = 质量 × 加速度。

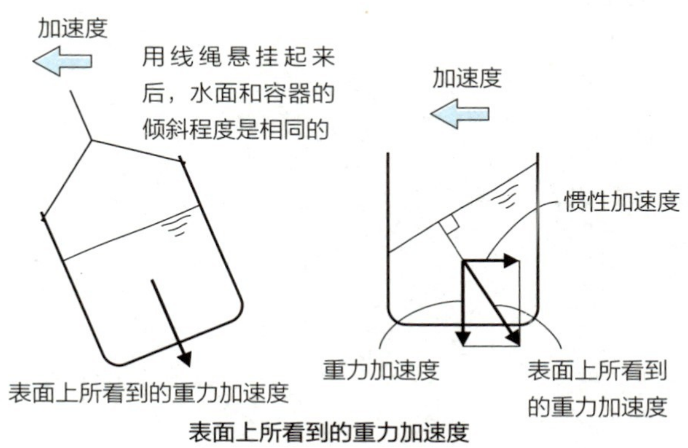

表面上所看到的重力加速度

流体也是同样的，当它在做加速运动时会受到与该运动的方向相反的惯性力的作用。由于流体和固体不同，流体的质量不容易准确测量，因此在思考流体的状态时，单独把加速度提取出来，只考虑所受到的和加速方向相反的惯性加速度（和液体的加速度大小相同，方向相反）。如上页图右所示，把这个惯性加速度和重力加速度合并起来看作一个“表面上所看到的重力加速度”。

假设将容器向左加速移动的话，表面上所看到的重力加速度是向右倾斜的。水面则和这个加速度的方向呈垂直关系，即右侧升高。

在“动一动手”版块中用线绳悬挂起杯子时，可以认为杯、线绳、水等所有这些物体上均受到该“表面上所看到的重力加速度”的作用。而线绳和杯子是处在“表面上所看到的重力加速度”的方向上，水面则和它们呈垂直关系，因此水很难洒落到外面。

16 加速度运动 2

把液体加速时，它里面的气泡会发生非常神奇的现象。这是由液体中所产生的压力差所引起的。

动一动手

1

塑料瓶里装满水，稍留下一点点气泡。在桌面上滑动塑料瓶，气泡会动得比塑料瓶更快。

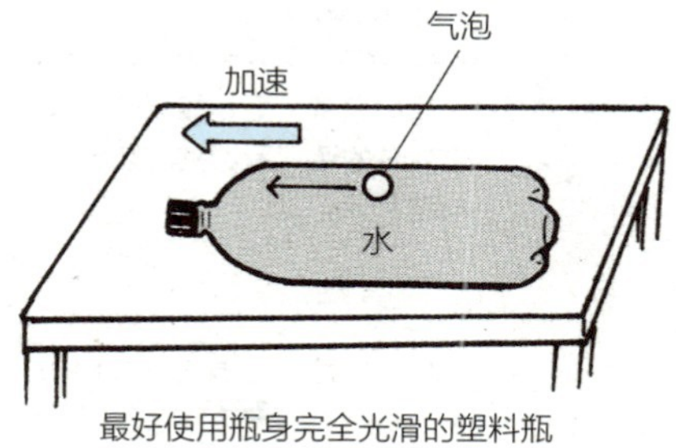

最好使用瓶身完全光滑的塑料瓶

2

接着，把玻璃弹珠等比水重的球形物体放入塑料瓶中，再滑动瓶身试试。会发生什么呢?

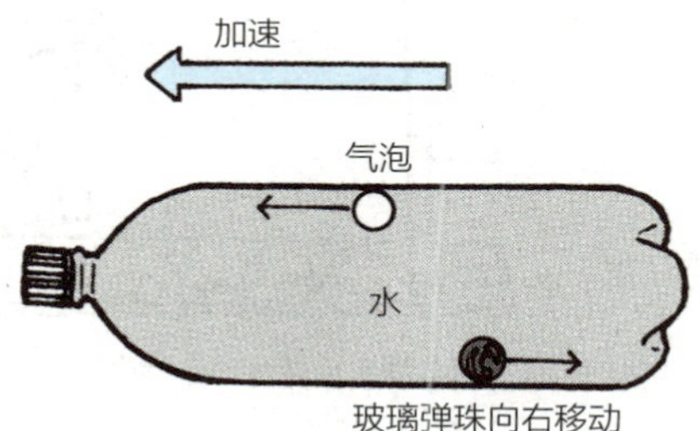

玻璃弹珠向右移动

3

列车启动时，气球向前方倾斜
行进方向
人向后
方倾斜

让我们来试一下，如果拿着一个充了氦气的气球乘坐列车的话，看看列车启动时气球会倾斜向哪个方向呢？

4

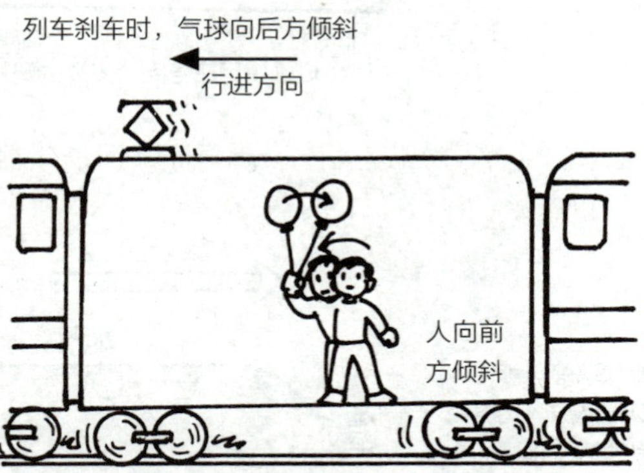
列车刹车时，气球向后方倾斜
行进方向
人向前
方倾斜

列车刹车时又会怎么样呢？气球的倾斜方向会和人倾斜的方向相反。

有什么用途?

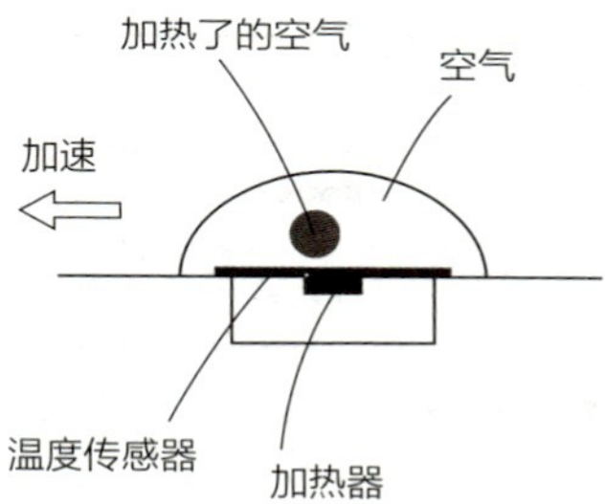

加速度传感器示意图

“动一动手”版块里的气泡的运动现象是由瓶中的水的加速度引起的。因为气泡比它周围的水轻（密度小），所以会朝着加速度的方向运动。加速度传感器就是应用了这个原理。

如上图所示，在加速度传感器里面，用加热器加热其内部的空气室的中心部位。加热器的四周贴着温度传感器，用来测量温度的分布情况。一旦让传感器做加速度运动，加热器附近的被加热了的空气（比四周的冷空气更轻）会朝着加速度的方向移动，于是温度分布情况就会发生变化。从该变化中就能测算出加速度。

这种传感器具有很强的抗冲击能力，大小只有5毫米见方，厚度2毫米左右。比如能内置在笔记本电脑中，当机身受到冲击时，它能让硬盘停止工作以防止硬盘受到损伤。

揭秘

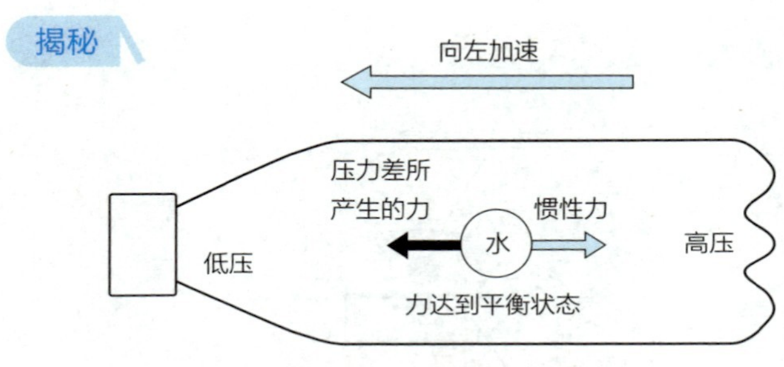

让塑料瓶加速（只限于装了水的情况下）

在第 15 篇里已经提到过，让流体加速时，流体中会产生压力差。

“动一动手”版块的第一个例子里，让塑料瓶加速后，相对于加速方向的瓶身后方由于受到惯性力（和加速时发生作用的加速度反向的力）的推挤，水中的压力会升高。而瓶身前方的压力会降低。如果瓶子里完全充满了水的话，作用于水的惯性力和前后方的压力差所产生的力会达到平衡，这样就不会发生什么神奇的现象。瓶中的水以匀速加速，塑料瓶内不会发生流体流动的现象。

但如果水中还残留着一些气泡的话会怎么样呢？由于瓶内所有的水都会受到惯性力的作用，因此和装满水时的情况相同，瓶身前后会产生压力差。不过，因为气泡的密度（质量 ÷ 体积）比水的小，所以相较于同体积的水质量更小。由此，作用于气泡的惯性力（该力的大小是质量和加速度相乘所得到的值）就会比前后方的压力差所产生力小。于是压力差所

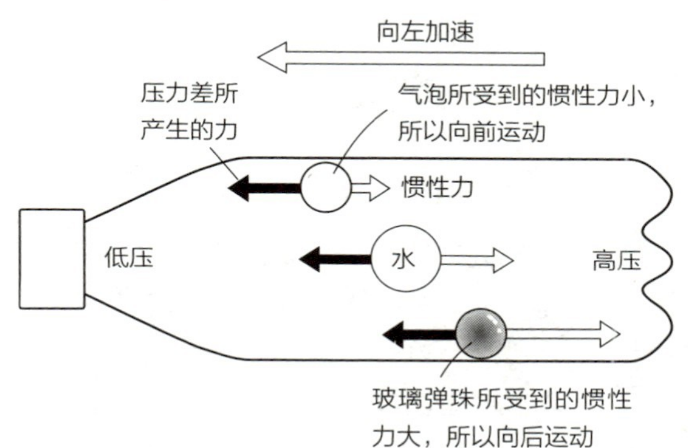
向左加速
压力差所
产生的力
气泡所受到的惯性力小，
所以向前运动
惯性力
低压
水
高压
玻璃弹珠所受到的惯性
力大，所以向后运动

塑料瓶里的气泡和玻璃弹珠

产生的力胜出，气泡会向前移动。

如果有玻璃弹珠（或者会沉入水中的球）的话，试着把它和气泡一起放入塑料瓶里。气泡会向着加速方向移动，而玻璃弹珠会向后方移动。这是因为玻璃弹珠的质量比同体积的水的质量要大，因此惯性力也变大。于是玻璃弹珠的惯性力便会胜过压力差所产生的力，玻璃弹珠便向着后方移动了。

在“动一动手”版块的第二个例子里，列车上的气球上也发生了相同的现象。列车加速或减速时，由作用在空气里的惯性力所产生的，和加速度方向相反的压力变高。物体向着哪个方向倾斜取决于这个压力差所产生的力比作用于对象物体上的惯性力大还是小。

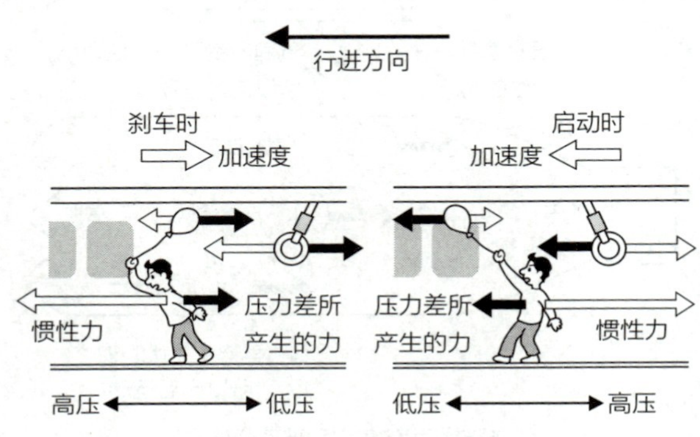

列车内部的状况

比空气还重（密度大）的人体或系住气球的绳子以及广告牌拉手，都会在启动时向后倾斜，刹车时向前倾斜。不过，比空气还轻（密度小）的氦气气球却因惯性力小，压力差所产生的力相对变得更大，于是启动时气球会向前倾斜，而刹车时则向后倾斜。假设有和空气同密度的物体的话，这样的物体上所受到惯性力和压力差所产生的力会刚好平衡，因此它不会前后移动，而是随着其四周的空气一起运动。

因为我们的身体或者身边的物体密度大都比空气的大，所以在我们的体验上都是惯性力比压力差所产生的力来得大。于是无意中总觉得加速时物体所受到的力是向后的。所以就会认为比空气还轻的气球的运动状态很神奇。

列车里的苍蝇为什么不会被甩向后方呢?

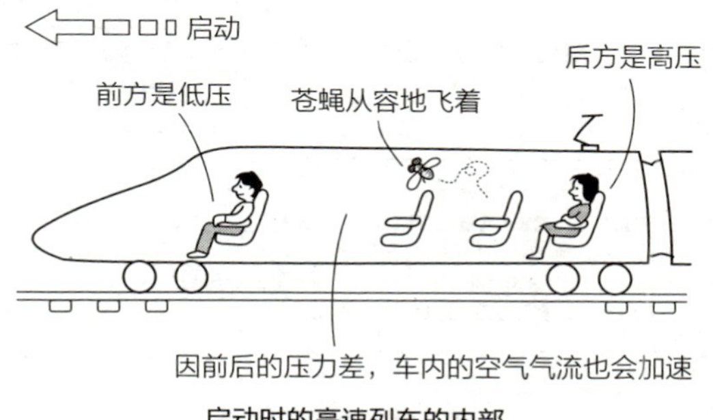

启动时的高速列车的内部

高速列车以时速 300 千米的速度行驶时，假设车厢里有一只苍蝇在飞（苍蝇并不是以时速 300 千米的速度飞行的）。这时，车厢里的空气也和高速列车一起以时速 300 千米运动着。

那么如上图所示的高速列车在启动时会发生什么现象呢？飞行在车厢里的苍蝇会被甩向后方吗？其实几乎不会有这种情况发生。车窗如果是关着的话，启动的时候，空气基本上是不会向后方流动的。车厢里的空气在车厢后方处于高压状态，在前方处于低压状态，由此同惯性力处于平衡状态。

因为苍蝇很小，作用于苍蝇的惯性力也很小，同时它受到来自空气的黏滞阻力（参见第 2 篇，第 9 页），所以会和空气差不多一起加速。因此启动时苍蝇也能从容地飞行。

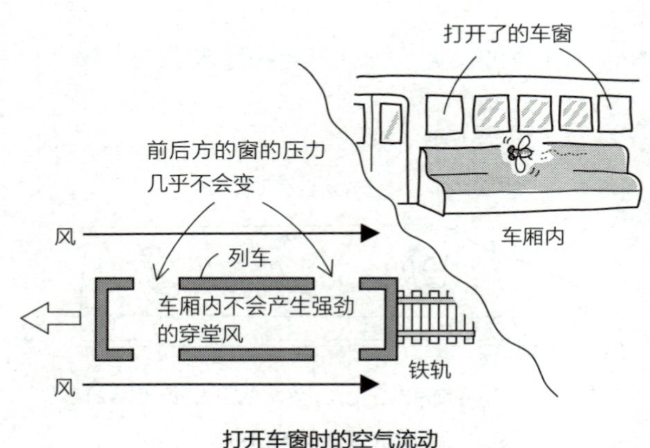

打开车窗时的空气流动

如果打开车窗试图把苍蝇赶出去，会怎么样呢？（上图右）

实际上苍蝇怎么都不会如希望的那样飞出窗口。因为当列车以一定的速度行驶时，前后方的车窗之间不会产生巨大的压力差，不会有强劲的穿堂风（上图左），所以苍蝇仍能够在车厢里继续飞行。即便风的流通方式或强劲程度因四周风的状况而有所变化，风速也强不到与列车的行驶速度相同。通常多为略有些风从后方流动向前方（广告牌拉手向前倾斜）。

17 流体的能量

流体的能量是什么呢？让我们根据从塑料瓶里流出的水来研究下吧。

动一动手

1

在塑料瓶的瓶身上开几个小孔（小心手，不要碰到烫手的前端）。

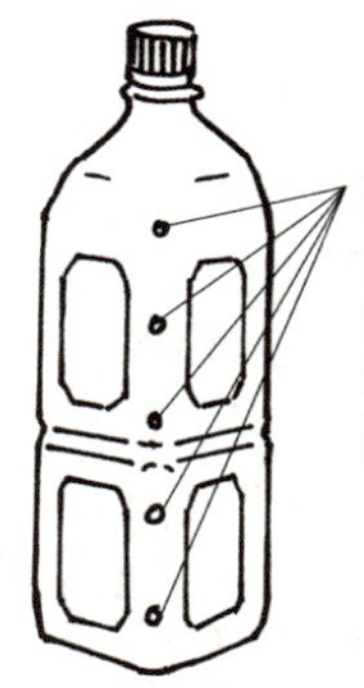
开个小孔
把回形针拉直，用老虎钳夹住，用火烤一下前端。用加热后的前端在塑料瓶上戳开几个小孔

2

在这个瓶子里装入水，观察下水从小孔中流出的情况。越往下的小孔，水流出得越有力。

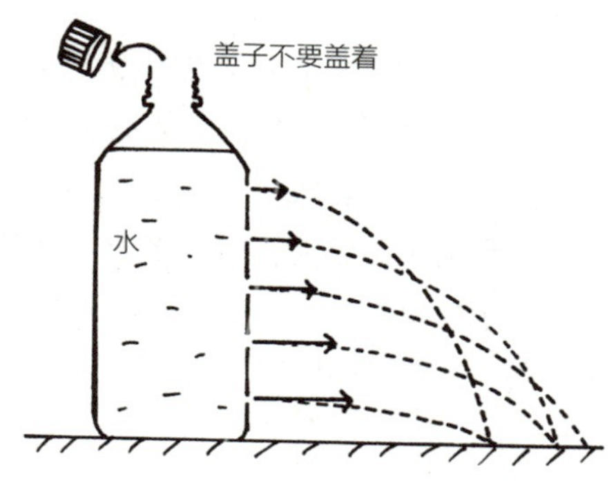
盖子不要盖着
水

有什么用途?

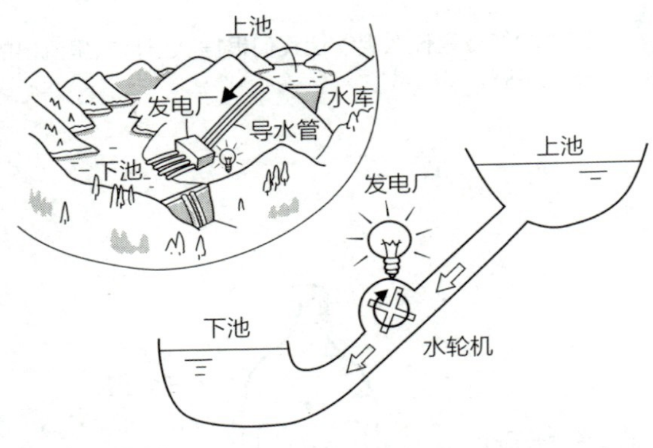

水力发电原理

用于水力发电的水库是通过把水拦住，抬高水面来积蓄水的能量。水面越高，能使用的水的能量越大。这和“动一动手”版块中水面距离小孔所在的高度越远，水流就越强劲的原理相同。

上图中展示了水力发电的构造，水库把水拦截住，使水库中的水位升高（增加重力势能）。接着把水通过导水管引向地势较低的水轮机。在水轮机所处的位置上，地势差所产生的巨大的重力势能转变为水的压力势能和动能。利用这些能量让水轮机的叶片旋转，就能获得能量。“动一动手”版块里也是这样，瓶中水的重力势能在小孔这里转变成了动能。

揭秘

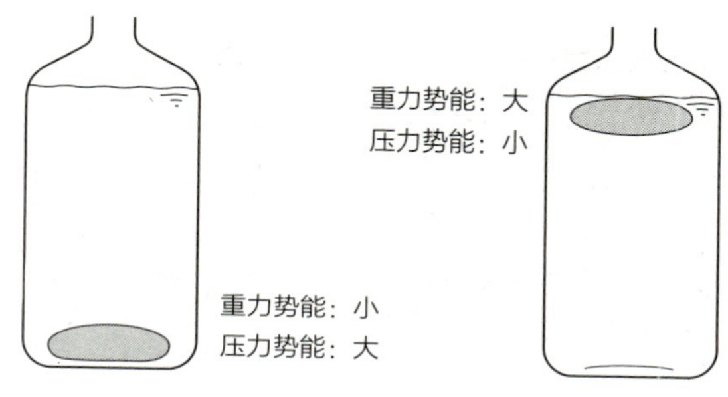

流体的能量

流体的能量形式有重力势能、压力势能以及动能等。这里所说的能量是指能进行工作的能力。这个工作的意思和人类做劳动的工作不同，是指物理上给予物体力，使该物体移动。

流体的重力势能是指由流体的高度所产生的能量。普通的物体也有这种能量，一个物体处于高处，这件事本身就能使该物体具有能量。在“动一动手”版块里，处于靠近水面的水凭借着其所在的高度而获得了较大的重力势能。

压力势能是表示压力所能工作的程度。在“动一动手”版块里，塑料瓶底附近的水的高度虽然不高，但那部分水的水压变高了，压力势能因而变大了。水面上的水（重力势能大）和它所持有的能量的形式虽然改变了，但合计起来的总能量值是不变的。

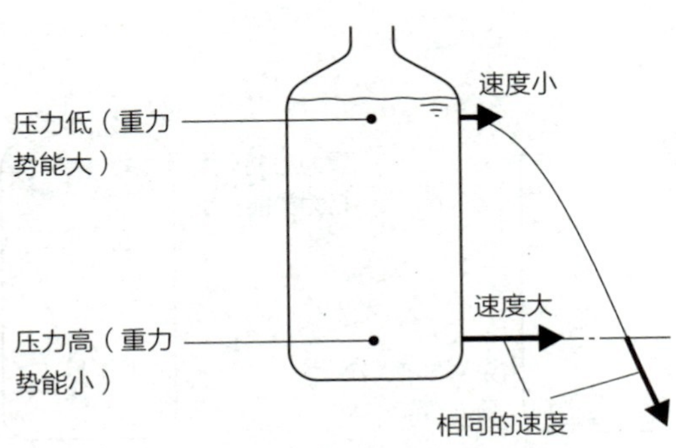

从塑料瓶流出的水的状态

动能和普通物体的动能完全相同，都是速度的平方乘以质量再除以二所得到的值。速度越大，动能就越大。“动一动手”版块里，水在从塑料瓶的小孔中流出的一刹那，从重力势能转变而来的内部的压力势能又转变成了动能。因为位置越低的小孔，其内部的水压越高，所以其所转变而来的动能也越大，水势越强劲。

此外，虽然刚从瓶身上方的小孔中流出的水速度小，但由于重力势能会转变成动能，所以在下落过程中会不断加速，在经过处于下方的小孔所在的高度的瞬间，其速度和从该下方的小孔中刚流出的水的速度是相同的。

18 伯努利原理

流体的能量有各种形式。描述这些能量之间关系的是伯努利原理。

动一动手

1

把两根一次性筷子平行摆放，每根筷子上都各放一个空罐。

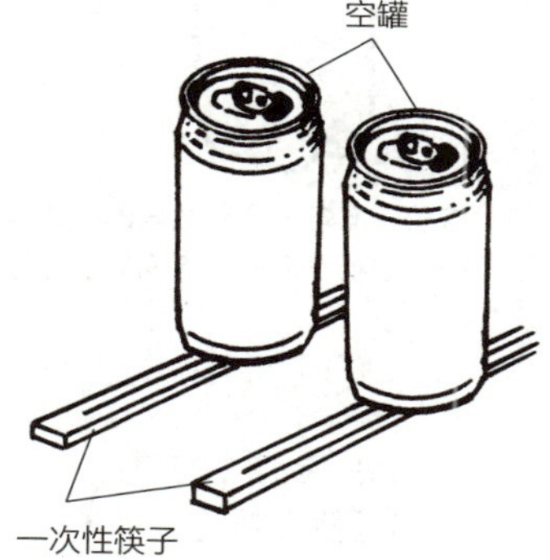

2

请对着两个空罐之间吹气。让人啧啧称奇的是空罐会向内侧倒去。

3

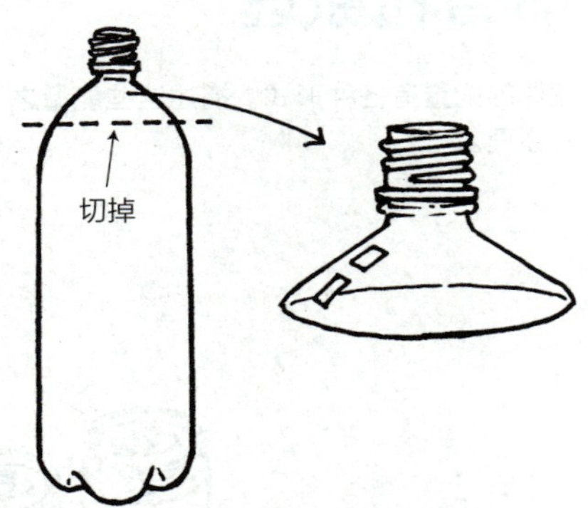
切掉

接着，准备一个断面呈圆形的塑料瓶子，用刀具等像图里那样把瓶子下面的部分切掉（小心不要切到手）。

4

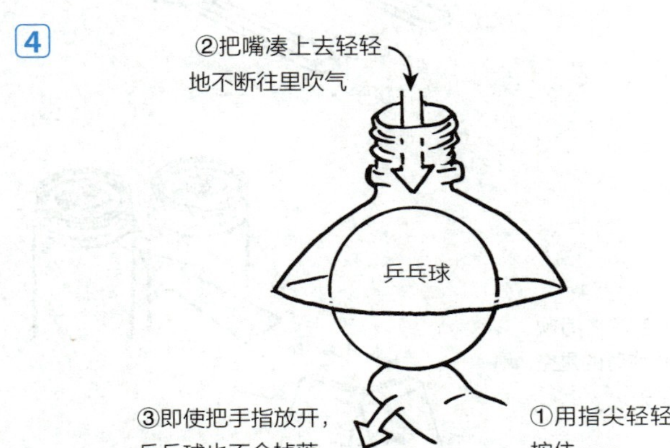
②把嘴凑上去轻轻地不断往里吹气
乒乓球
③即使把手指放开，乒乓球也不会掉落
①用指尖轻轻按住……

把切好的塑料瓶的上半部分盖到乒乓球上，请从上方吹气。即使手指放开，乒乓球也不会掉落。

有什么用途？

赛车

赛车必须时而高速转过弯道，时而急速加速。此时需要保证轮胎能紧紧地贴着路面不打滑。这里应用了和“动一动手”版块中相同的原理。

放低车身靠近中间部位的底盘，缩小和路面之间的空隙，在车身前后部分增加和路面之间的空隙。这种构造类似文丘里管。

在气流流经的中途，把空隙缩小，会使气流提速，那个区域的压力便会降低。在“动一动手”版块里的空罐之间的缝隙周围，压力下降，空罐就会被吸引倒向内侧。而降低底盘下的压力，就能使车身吸向路面，所以便能够防止打滑，使高速行驶成为可能。

揭秘

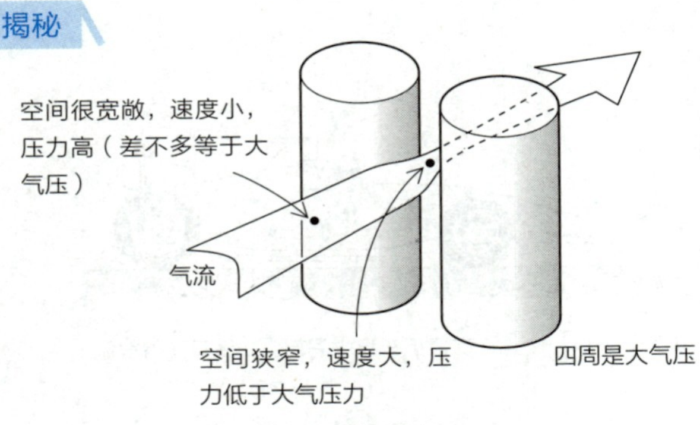
空间很宽敞，速度小，压力高（差不多等于大气压）
气流
空间狭窄，速度大，压力低于大气压力
四周是大气压

通过缝隙的气流

在第 17 篇里已经说过流体的能量形式有重力势能、压力势能和动能等。当流体所持有的能量几乎没有损失的话，这些能量的总和基本是保持不变的。在不计能量损失的情况下，能量保持不变的原理就是伯努利原理，它表述了流体的能量守恒定律。

在“动一动手”版块的第一个小游戏里，向空罐之间吹气后，空隙的狭窄区域里的流速会加快。这和挤压软管使水流的通道变窄，水势会变强原理相同。高速通过空罐之间的空气的动能变大了。从能量守恒的角度来考虑，就能知道增加出来的那一部分动能是来自于其他形式的能量所减少了的部分。

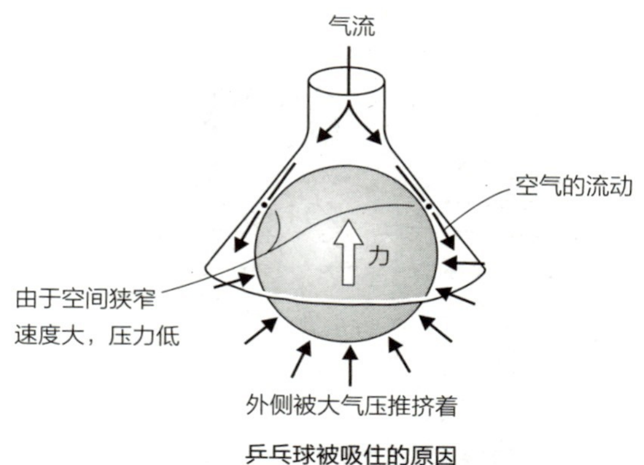

乒乓球被吸住的原因

由于重力势能没有发生变化，这就意味着此时所减少的能量是压力势能。因此，两个空罐之间的压力降低，而周围是大气压，所以空罐被向内侧拉去。无论吹得多使劲儿，空罐都只会倒向内侧。

“动一动手”版块的第二个例子里的乒乓球，是球体外侧受到大气压的推挤。而乒乓球和塑料瓶之间的狭窄的空隙里由于空气流速变大，压力的值减少到了大气压值以下。这时的压力差就使乒乓球被吸在塑料瓶上了。

“有什么用途”版块里的赛车也是如此。底盘下靠近车身中间的部分的空隙变窄，于是空气流速变大，从而导致压力下降。所以下坠力（向下的力）变大，接地性得到了提高。

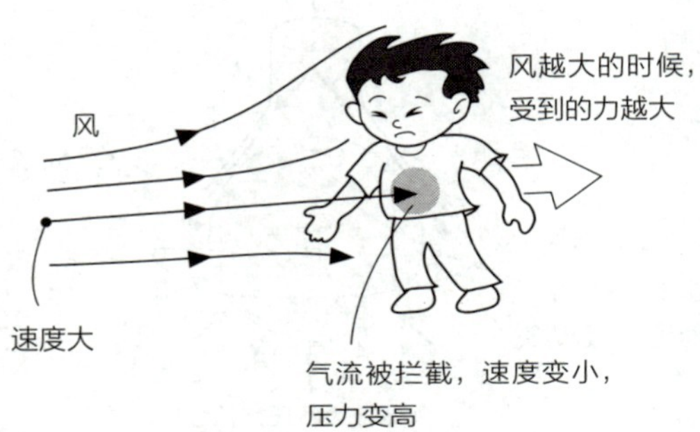
风
风越大的时候，
受到的力越大
速度大
气流被拦截，速度变小，
压力变高

“流速越快压力就会越高”是误解

另外，似乎有不少人以为流速越快压力就会越高，其实如果从能量总和的角度来看，就能知道流速越快的地方压力会下降。

“流速越快压力就会越高”这一误解的根源可能是因为下面这个原因。处于流动着的流体中的物体会拦截住流体，使一部分流体的速度降到零。这时，一开始的动能因为被迫停下来而转变成了压力势能，所以开始时的流速越大压力就会越高。比如像上图中的情况，风刮得越大，作用到身体上的力就会越大。于是不少人可能就会产生“流速越快压力就会越高”的错觉了。

而正确的说法应该是“因为挡住了强风的去路，所以受到了很大的力”。

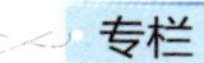

专栏

在吸管的侧面开个小洞后再吹一下会发生什么现象呢？

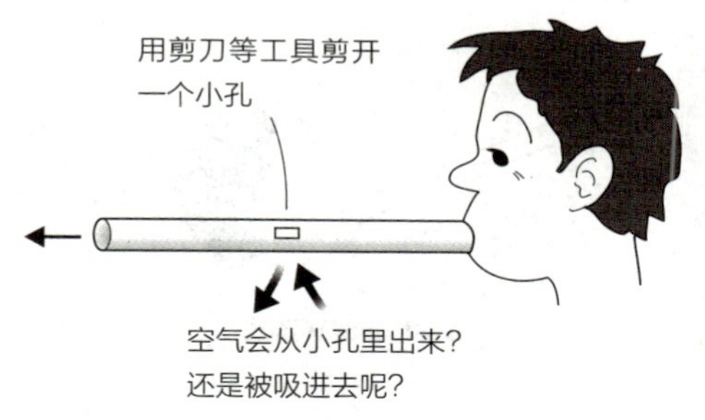
用剪刀等工具剪开
一个小孔
空气会从小孔里出来?
还是被吸进去呢?

侧面有个小孔的吸管

在一根吸管的侧面开一个小孔，试着吹一下吸管（如上图）。是里面的空气从小孔出来，还是四周的空气会被吸进去呢？把剪成一小片的餐巾纸放到小孔附近就能知道答案了。

各位已经知道答案了吧。在吸管一端的出口处，空气无论以多快的速度流动，其中的压力也不过相当于大气压力。这是因为出口处的气流和其旁边几乎静止的空气的压力在横向上是平衡的（如果不平衡的话，气流就应该会在出口处急速横向扩散或者收缩）。在吸管内部，由于吸管内壁和空气之间有黏滞阻力（参见第 2 篇，第 9 页），气流要战胜该阻力继续向前流动的话，必须提高上游处的压力，所以嘴里要保持着高压。

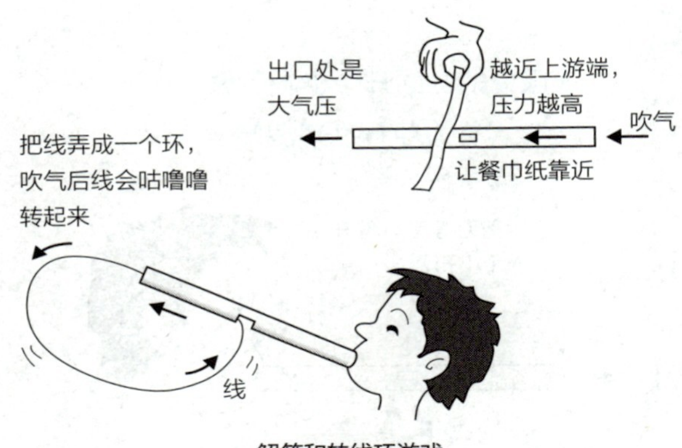

解答和转线环游戏

那么位于中途的小孔的状态是什么样的呢？由于该处的压力高于大气压，所以空气会流到压力更低的外部（答案是空气会从小孔里出来）。

那吸吸管的时候，空气会从小孔出来还是周围的空气会被吸进去呢？请大家试一下（各位自己去解答）。

这样的吸管稍稍改动下就能做成上图左中所示的小玩具。用一根线穿过小孔，弄成环状连接起来。接着向吸管里吹气，线环就会咕噜噜转动起来。为什么会打转呢？

有些书里会说是因为“吸管内的气流流速大，根据伯努利原理，压力会下降，小孔处会把四周的空气和线一起吸进去”。大家知道这种解释的谬误之处了吧？正确的解释是“吸管内的线因其自身和空气之间的黏滞阻力而被气流拖拽着一起做循环运动”。

19 皮托管

有一种利用伯努利原理，叫作皮托管的测速仪。让我们用吸管来制作一根皮托管吧。

动一动手

1

把吸管弯成直角放进浴缸里，以一定的速度向水平方向移动。吸管里的水面会升高。

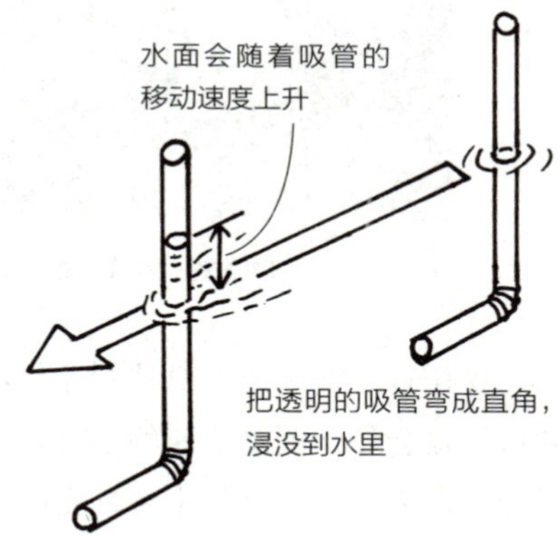
水面会随着吸管的
移动速度上升
把透明的吸管弯成直角，
浸没到水里

2

试着以各种速度移动之后会发现，速度越快水面升得越高。事先弄清了水面高度和速度的关系，就能把它作为测速仪使用了。

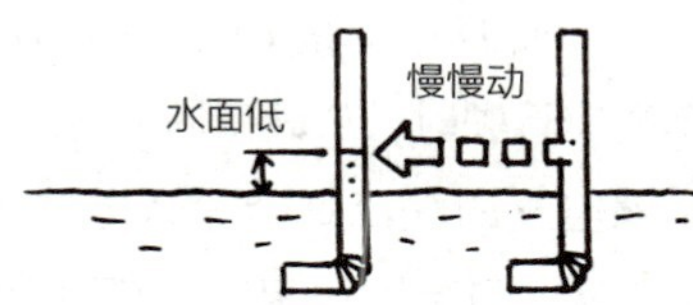
慢慢动
水面低

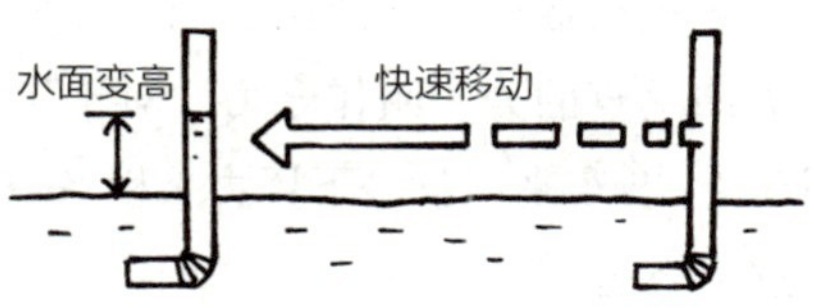
水面变高
快速移动

有什么用途?

F1 方程式赛车上使用的皮托管

皮托管经常用作飞机的测速仪。除此之外，在其他很多领域里也会作为测量流速的装置来使用。其中的原理尽管和“动一动手”版块里的小玩具相同，但皮托管是经过认真仔细设计的，从而使它能测量得更精确。

上面照片中是 F1 方程式赛车上所使用的皮托管。F1 赛车高速行驶时，从其四周的空气中所受到的力非常大，因此，了解空气的气流是个什么样的状况至关重要。于是就需要测量空速（目标物体相对于其周围空气的速度）。

飞机和赛车上都使用皮托管作为测量空速的装置。与运动方向垂直的力（叫作升力，对于飞机来说就是上浮的力，对于 F1 赛车来说就是下压力）以及空气阻力的大小等都取决于这个空速。

揭秘

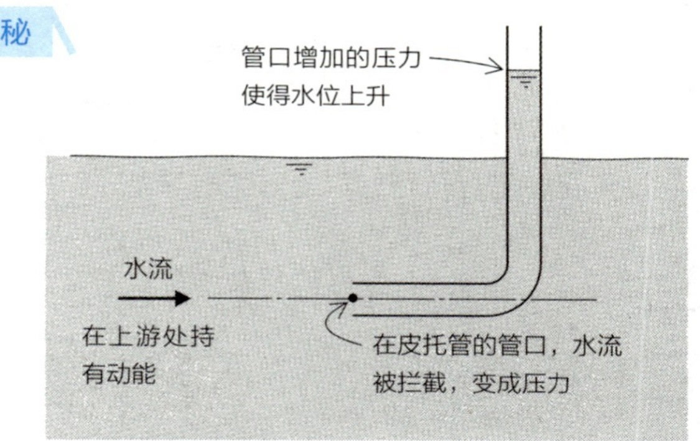
管口增加的压力
使得水位上升
水流
在上游处持
有动能
在皮托管的管口，水流
被拦截，变成压力

皮托管的原理

把皮托管放进水流中后，在皮托管的管口处水流被拦截，那部分水的压力就会增加。在上游时所持有的动能到了皮托管管口处，转变成了压力势能。在此时的速度和压力增加的值之间，符合伯努利原理（参见第 18 篇），即

$$\text{速度} = \sqrt{\frac{2\times \text{压力上升的值}}{\text{流体的密度}}}$$

所以，测出了皮托管管口的压力增加值，就能算出流速。而如果是皮托管在运动，计算出来的值就是皮托管的速度。对于飞机或赛车来说就是能测算出空速。

赛车为了防止打滑，下压力（从空气中所受到的向下的力）非常重要，而这个力就是由空速决定的。空气阻力以及作用在飞机机翼上的升力等同样也是由空速决定的。要测量这个空速，就需要使用皮托管。

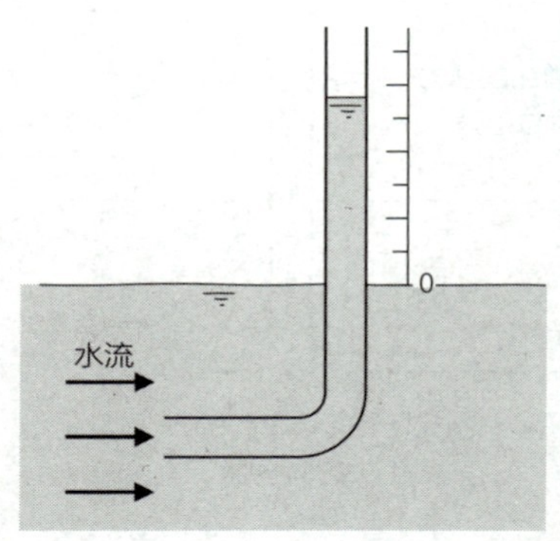

水位（厘米）	速度（米 / 秒）
0	0
0.2	0.2
0.8	0.4
1.8	0.6
3.3	0.8
5.1	1.0
7.3	1.2
10.0	1.4
13.0	1.6
16.5	1.8
20.4	2.0

水面上升的值和流体速度

“动一动手”版块里，让吸管运动时，吸管管口的压力会随着速度变大而上升。接着，吸管内部的水的整体压力也会上升，于是吸管内的水面就升高了。也就是说流体的动能转变成了表现为水面高度的重力势能。

稍微扩展一下，如果能读出上图中水面上升的高度（水位），就能用下面这个公式来求出速度。但如果不是在一个宽敞的环境中以恒定的速度移动，就无法稳定下来测量出数值。

$$\text{速度（米 / 秒）}=\sqrt{0.196\times\text{水位（厘米）}}$$

20 喷气式推进

火箭和喷气式飞机都是使用喷气式推进技术飞行的。这篇我们来制作一个原理相同的简易玩具吧。

动一动手

1

在空的方便面盒上挖个小孔，把吸管插进去。再把它粘到泡沫托盘上做成一只小船。

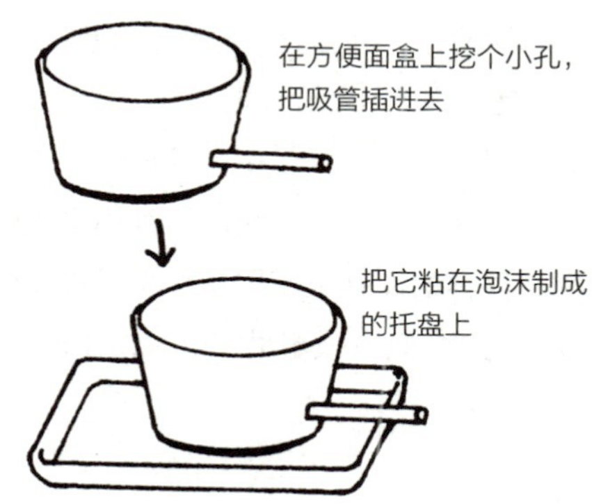
在方便面盒上挖个小孔，
把吸管插进去
把它粘在泡沫制成
的托盘上

2

把水倒进方便面盒里，让这只小船浮在水面上。“小船”凭借着水流出的动力向前行进。

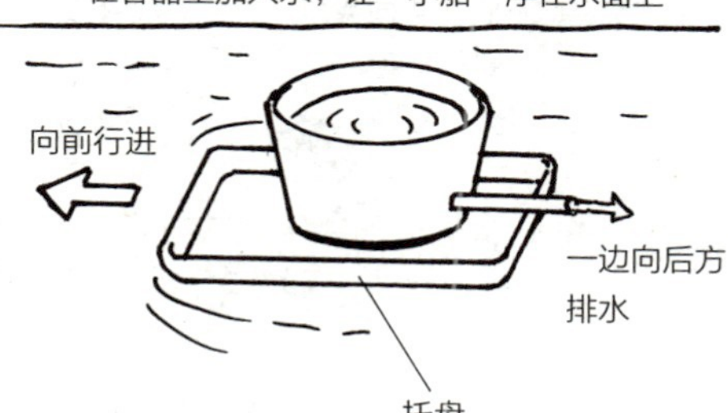
在容器里加入水，让“小船”浮在水面上
向前行进
一边向后方
排水
托盘

有什么用途?

运载火箭搭载了以液态氧和液态氢为推进剂（燃料）的高性能火箭引擎，是大型主力运载火箭。多用于发射气象观测、地球观测、通信 / 广播的人造卫星或者向宇宙空间站输送物资等，预计也将在太空开发中发挥积极作用。

运载火箭的开发中使用了很多最先进的技术，而且结构也非常复杂。但它基本的推进原理和“动一动手”版块里的“小船”是一样的。火箭是把燃烧所产生的气体从后方高速喷射出，利用喷射气体的反作用力推进的。“动一动手”版块里的“小船”也是让水从后方流出，利用水流的反作用力推进的。

同样的原理也使用在了喷气式飞机的喷气式发动机上。而在生物界，乌贼或扇贝能够把海水向后喷射从而推进身体前进。

揭秘

石头
把石头向后扔，
船就会前进
接连把石头扔出去，船就
能获得连续不断的推进力

反作用力和船

要让物体的速度发生变化，必须得有力的作用。比如，乘坐在船上的人向后方扔了块石头。这时，为了给石头加速，人必须施力到石头上。这个力的反作用会让人受到方向同石头飞行方向相反（船前进的方向）的力的作用。凭借着这个力，船就会向前行进。

如果搜集了一堆石头，把这些石头接连不断地向后方扔出去，人和船就会连续不停地受到向着前进方向的力的作用（不过，在实际的公园或池塘等地方扔石头会影响到别人，而且有可能造成危险，所以请不要真的去这么做）。

那么用连续朝后方放水来代替扔石头会怎么样呢？水也是有质量的，所以船同样会受到向着前进方向的力。

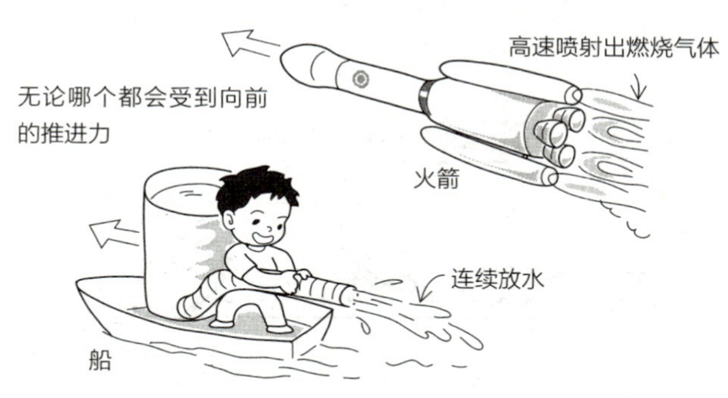
高速喷射出燃烧气体
无论哪个都会受到向前
的推进力
火箭
连续放水
船

喷气式推进的原理

综上所述，连续放水（流体）就会受到与之反向的力。

在“动一动手”版块里，容器里的水流出使“小船”向着相反方向前进也是因为这个原理。像这样通过把流体喷射出去而向着反方向推进的技术就叫作喷气式推进。

在“有什么用途？”版块里的火箭和喷气式飞机上，由于燃料燃烧后体积会膨胀，因此燃烧了的气体就会以高速喷射而出。此时的速度非常重要。从船上扔石头时也是如此，越大力扔出去，作用力也就越大。因为火箭上的燃料质量（燃烧气体的质量）是已经决定了的，所以是否以高速喷射出去十分关键。

专栏

风力汽车（只凭借风能迎风行驶的汽车）

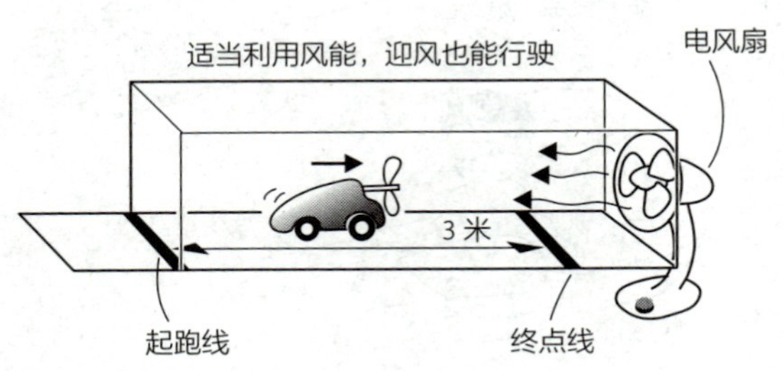

比赛用跑道

日本机械学会每年 8 月都会协同神奈川工科大学举办“不可思议的流体展”（见网址 http://www.kanagawa-it.ac.jp/~nagare/）。该展览以空气和水等流体为题材，旨在让青少年朋友们在体验自然现象的乐趣的过程中，激发对科学技术和制造技术的兴趣。1995 年他们举办了第一届展览。

其中有一项比赛叫作“风力汽车”，需要制作一款能迎风行驶的模型汽车，所能使用的能量来源只限于风。比赛用的跑道是一条四方形的透明隧道，在上游处摆放了一台电风扇。从起跑线到终点线的距离是 3 米，风速是每秒约 3 米。选手们相互比拼各自的创意和速度。

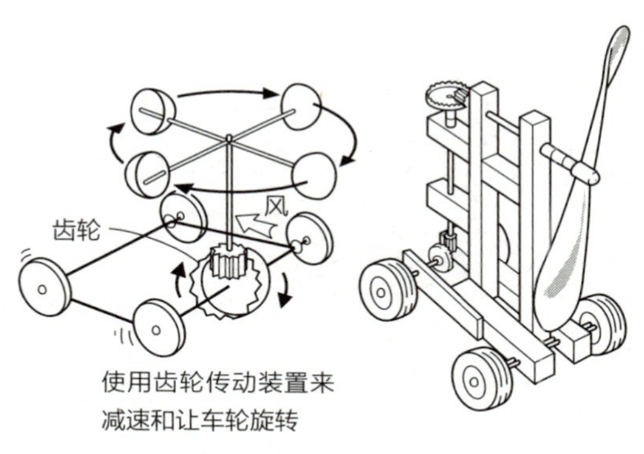
风
齿轮
使用齿轮传动装置来
减速和让车轮旋转

风力汽车示例

风吹来的时候，物体向下风处移动是很正常的现象，但风力汽车会向着上风处行进，这也许会让人觉得很不可思议，但这也是可以实现的。如果把螺旋桨放到风中，它会像风车一样旋转。将这种旋转用到齿轮传动上来，就能作为转动车轴的能量。

关键点在于要让车轴的旋转次数少于螺旋桨的旋转次数。如果动力（马力）相同，减少了旋转次数，扭矩（转动旋转轴的能力）就会变大，由此推进力也会随之变大。推进力大于空气阻力就能顶风前行。

总之，车轮的旋转次数控制得足够少，推进力才能变大，从而让模型汽车确确实实向前行进，但这样的话，速度会变慢。所以要让它跑得快，还需要想办法做出改进。

21 流线曲率定理

流体的流动方向发生改变的地方，压力也会改变。利用这个原理可以做一个非常有趣的游戏。

动一动手

准备两只一次性纸杯。杯底合到一起，用透明胶带粘好。

准备两只一次性纸杯

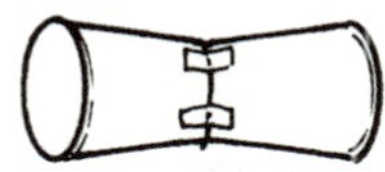

用透明胶带把两只纸杯的杯底粘到一起

2

把粘好的纸杯放在桌子上，请用吸管吹，让它滚到自己面前来。

要怎样才能让杯子
滚到自己面前呢？

3

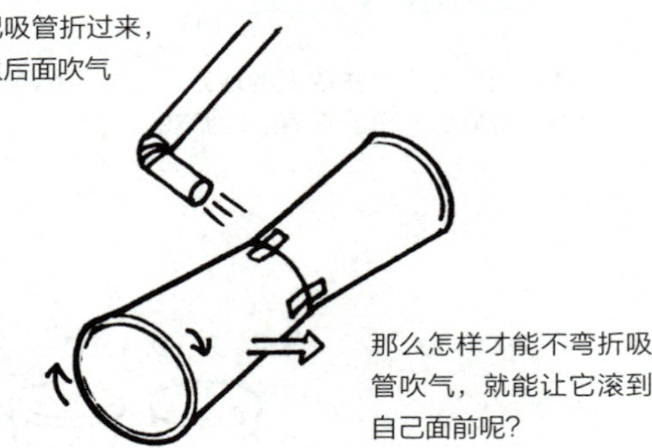

把吸管折过来，
从后面吹气
那么怎样才能不弯折吸
管吹气，就能让它滚到
自己面前呢?

把吸管像图中所示那样弯折一下再吹气，就会滚到自己面前。如果是小学生程度的话，这样就算正确答案了，但如果不弯折吸管的话该怎么做才行呢?

4

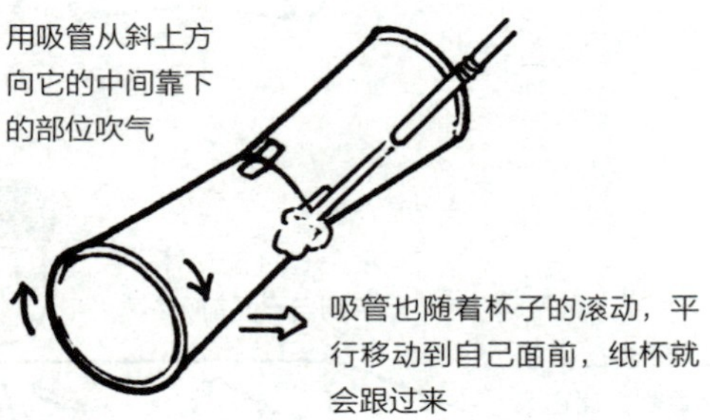

边从斜上方对着纸杯的前下方吹气，边把吸管平行地朝自己面前挪过来，纸杯就会滚到面前来了。

有什么用途?

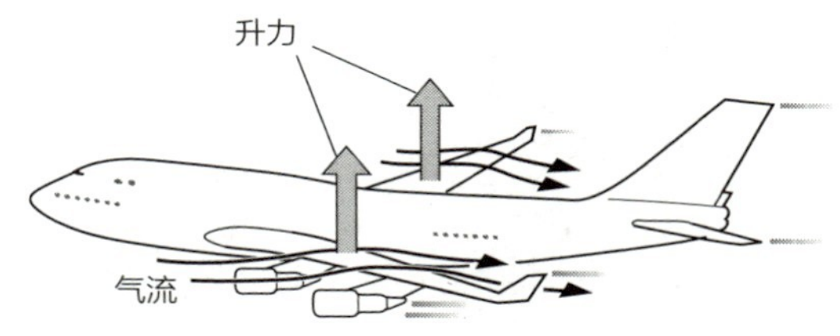

飞机的主翼

飞机为什么能在天上飞呢?

也许很多人都已经知道了，因为飞机有主翼，升力（向上的力）作用在它上面，所以飞机会浮在空中。升力之所以会作用在主翼上的其中一个原因和“动一动手”版块里的原理相同。主翼面对天空的一面呈凸起的曲面状，“动一动手”版块里的纸杯也确实是呈凸起的曲面状。

当流体碰到这样的曲面时，在曲线形物体的外侧方向上（当把流线的曲线看成是圆的一部分的时候，从圆心向着外面的方向，即飞机主翼的话，就是向上的方向，纸杯的话，就是面对自己那面的斜下方的方向）会受到力的作用。因此，主翼上就会产生升力（把机翼向上托举起来的力），飞机就能在空中飞行了。

而在主翼下方，气流的行进路线会被向下弯曲，于是压力会变高，这也是产生升力的原因之一。

揭秘

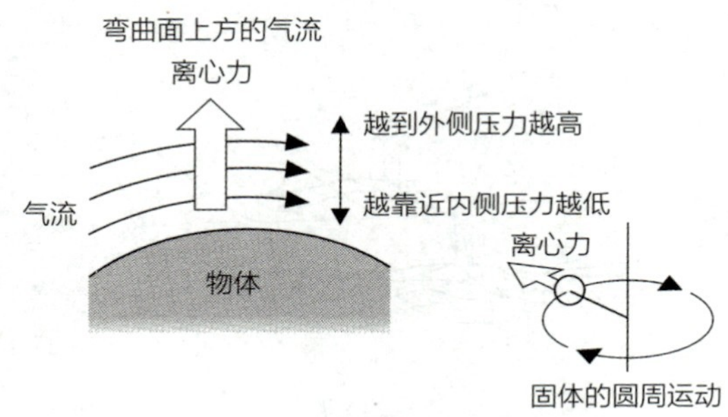

流线曲率定理

顺滑地连接而成的表示流动方向的线叫作流线，即表示流体的线。在流体方向发生变化的地方，流线也会沿着那个方向弯曲。这样的流体轨迹可以当作圆周运动的一部分来看待。

流体在做圆周运动的时候，和固体的圆周运动一样，会有向外的离心力作用在流体上。这时就像第 10 篇（第 45 页）里论述的那样，在靠近中心附近为低压，越往外侧越呈高压状态。

流体的流动在发生弯曲时也是如此，在流动着的流体外侧受到离心力的作用。如果把弯曲的流线当作圆弧的一部分，越向外侧越受到离心力的推挤，压力会变得越高。反之越向内侧压力变得越低。这就是流线曲率定理。无论什么样的流体，其流线弯曲的区域里都符合这条定理。

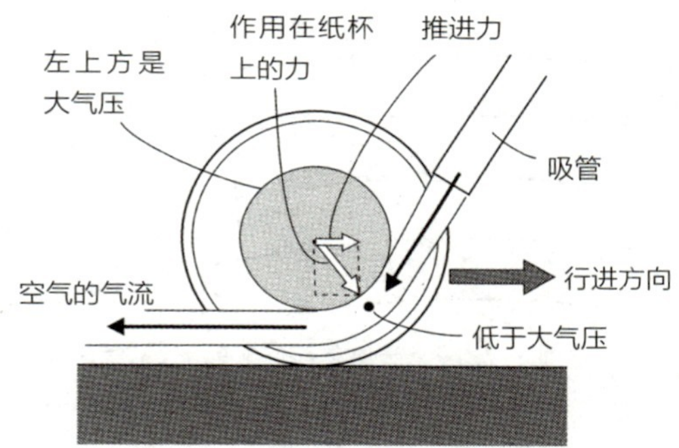

作用在纸杯上的力（两只纸杯中间部分的断面图）

在“动一动手”版块里，气流碰到纸杯后，流线就像图中所示那样沿着纸杯发生弯曲。沿着纸杯流动是因为康达效应（参见第 22 篇）。

空气沿着纸杯流动时，会像图中一样流线发生弯曲，越向外侧压力越高，越向内侧压力越低（流线曲率定理）。流线外侧（离纸杯较远的地方）的压力和周围的大气压一致，内侧（靠近纸杯的地方）则压力变低（低于大气压），靠近纸杯表面所受到的压力是最低的。

另外，由于左上方的表面受到大气压的作用，从这压力差中产生了指向纸杯右下方对角线方向的力。这个力朝向水平方向的分力就成为向前推进的力，于是纸杯便向着自己滚动了。

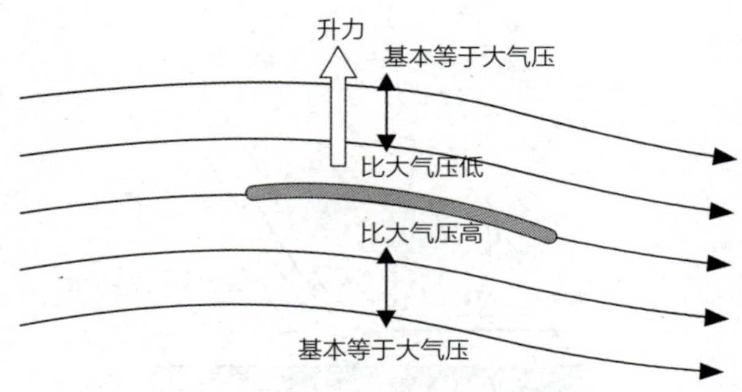

飞机主翼上的气流状态

为了弄清飞机主翼的原理，请看上图中那样弯曲的薄板周围的气流状态。当空气碰到薄板时，流线会变成如图所示的样子。气流因机翼而向下弯曲，流线则呈向上凸起状弯曲。

在上图中，流线的曲线外侧（最上方）是受到大气压的作用，根据流线曲率定理，内侧（靠近机翼朝上的那一面）的压力会下降到大气压以下。这和“动一动手”版块里的纸杯是同一种情况。

而朝下的那一面则相反，流线曲线的内侧（最下方）是大气压，越往外侧（靠近机翼朝下的那一面）压力越高，高过大气压。

于是上下两面之间的压力差就使机翼受到了升力（把机翼抬起的力）作用。关于升力还会在第 27 篇和第 28 篇再次详细解释。

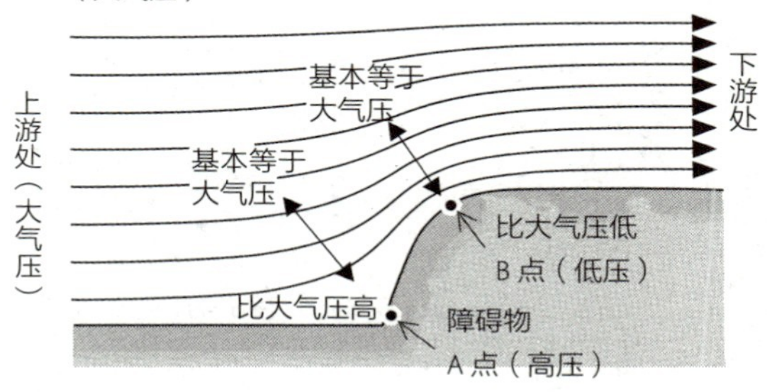

前方呈弧形的障碍物

要确认流线曲率定理，让我们来看上图中所示的障碍物的四周流体情况。流线呈上图中所示的状态。

在距离障碍物最远的上游处，因为流线呈水平笔直的状态，所以用流线曲率定理来考虑的话，该处没有曲率（弯曲），也就不会产生上下方向之间的压力差，即任何地方都是大气压。

而到了障碍物前面（接近A点处），为了避开障碍物，流线会呈向下凸起状而弯曲。曲线的最内侧处（左上方对角线方向）的压力等于大气压，但越向着外侧方向（接近A点处）压力越不断升高，A点所受到的压力是最高的。

接着观察障碍物的弧形面（B点）附近。在这里，因受到四周流体和障碍物的挤压，流线会沿着弧面分布，呈向上凸起的弯曲状。曲线的最外侧处（左上方对角线方向）等于

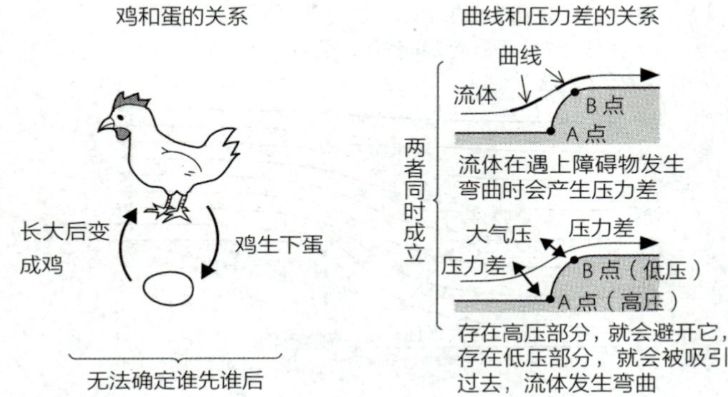
鸡和蛋的关系
长大后变
成鸡
鸡生下蛋
无法确定谁先谁后
曲线和压力差的关系
曲线
流体
B 点
A 点
两者同时成立
流体在遇上障碍物发生
弯曲时会产生压力差
大气压
压力差
压力差
B 点（低压）
A 点（高压）
存在高压部分，就会避开它，
存在低压部分，就会被吸引
过去，流体发生弯曲

对于“流体弯曲现象”的两种思考方式

大气压，而越靠近曲线的内侧（接近 B 点处），压力不断下降，直到低于大气压。这样当流体弯曲时，内侧的压力就会降低。

以上从形状的角度来说明在流体发生弯曲的地方，外侧和内侧之间会产生压力差。不过如果从别的角度来看，比如从流体的角度来看，也能认为由于流体在 A 点处受到阻拦，故此压力变高，于是为了避开高压而发生了弯曲。而在 B 点附近因为压力变低，流体被吸引向 B 点处而发生了弯曲。

这两种看法都是正确的，就像“鸡和蛋”的关系。“发生弯曲现象”和“压力差”是同时成立的，因此流体以满足任一种看法的状态而存在着。

22 康达效应

当流体碰到弧形曲面时，会沿着曲面顺滑地流动。这个效应很容易通过小游戏来实现，让我们看下这个尖端技术吧。

动一动手

1

用吹风机将气球吹到正上方。选用稍微大一点的气球比较稳定。

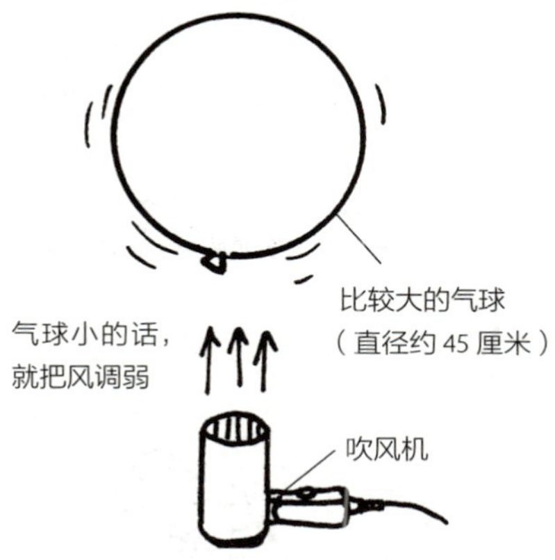

比较大的气球
（直径约 45 厘米）
气球小的话，
就把风调弱
吹风机

2

请把吹风机慢慢朝着横向倾斜过来。吹风机倾斜到了相当大的程度，气球也仍旧浮着。

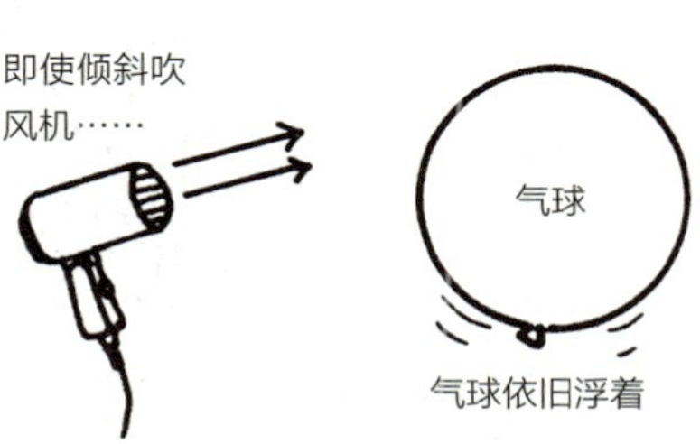

即使倾斜吹
风机……
气球
气球依旧浮着

3

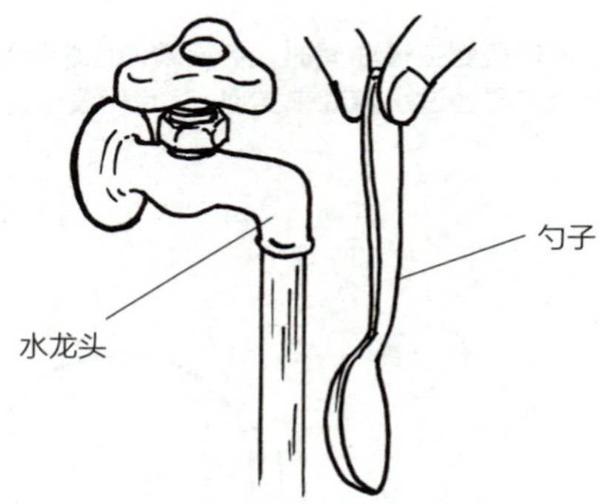

像图里那样轻轻捏着勺子，试着用它圆形的外侧面去触碰从水龙头里流出的水流。

4

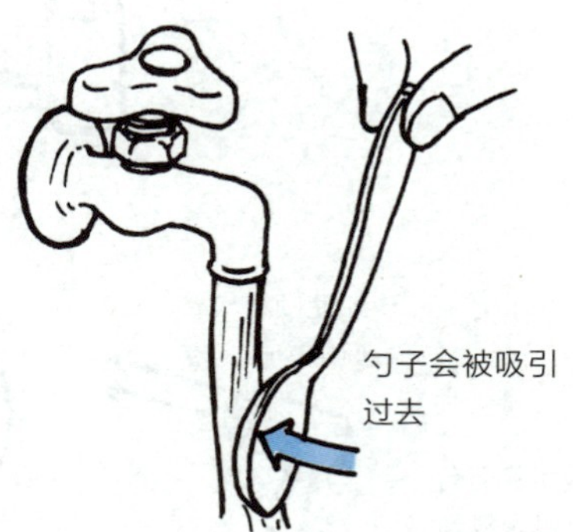

勺子会被吸引到水流中，水流的行进路线也弯曲了。这是怎么回事呢？

有什么用途?

由日本航空宇宙技术研究所（现日本宇宙航空研究开发机构）研制开发的“飞鸟”短距起落飞机（STOL 机），是一种能在很短的跑道上起飞降落的飞机。从喷气式发动机喷射而出的高温气体沿着主翼流动，贴着主翼的表面行进，向主翼的后方向下方流去。由这股气流产生巨大的升力（向上的力，参见第 27 篇），使它即使是在很短的距离里也能完成起飞。

其中的关键点在于气流沿着主翼的曲面流动。“动一动手”版块里的第二个例子也是如此，流体沿着曲面流动，绕到后方。这就是“流体有随着凸出的物体表面流动的倾向”，叫作康达效应。

“飞鸟”能在短跑道上起飞的秘密就在这里。

揭秘

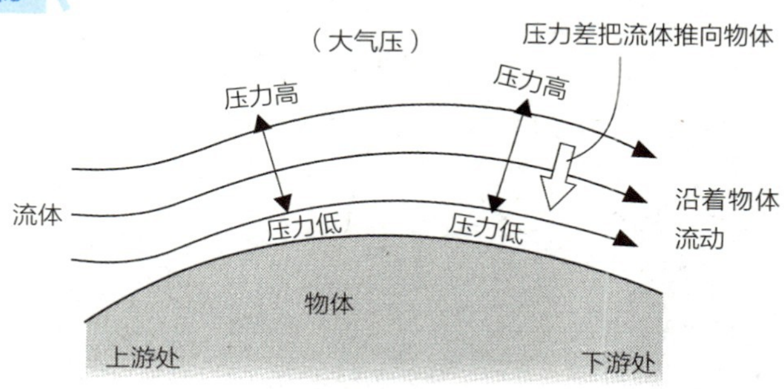

沿着凸起的曲面流动

为了理解康达效应，让我们来看上页图中沿着凸起曲面流动的流体。

流体遇到物体的上游处，流线产生弯曲。在沿着物体延伸的流线曲线的外侧（远离物体的地方）受到的是大气压，正如第 21 篇所说明的那样，越往曲线内侧压力越低，在物体表面的压力比大气压还低。由于这样的压力差，使得流体被推向内侧方向，即更容易紧贴着物体。

换句话来说，流体具有因某种原因而向某个方向弯曲后，会更倾向于向着弯曲方向靠过去的性质。因此，在物体的下游处也是呈凸起的曲面状的话，流体会因更倾向于向内侧弯曲而沿着物体流动。导致流体的流向开始发生弯曲的因素有很多种。

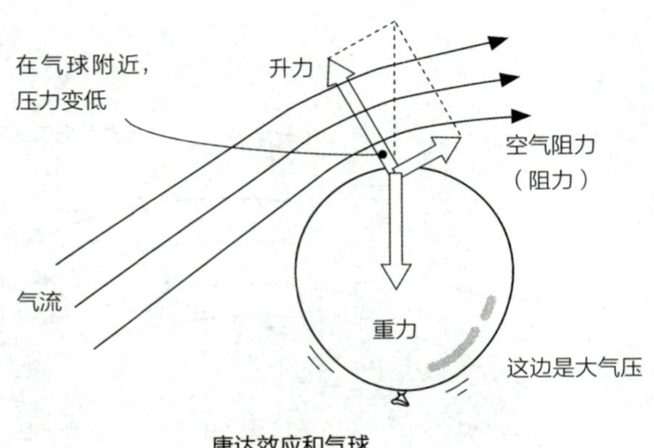

康达效应和气球

在第 119 页的图中，物体位于上游处呈凸出的曲面状是发生康达效应的原因所在。此外，当从管子等物中喷射而出的流体（喷射流）碰到物体时，流体试图分散开的现象也会引发该效应。流体如果是紊流（参见第 13 篇，第 64 页）的情况下，这种紊乱的流体状态也会使流体扩散开而成为该效应的诱发因素。总之，诱发因素是什么并不重要。只要流体开始稍有些沿着曲面流动，流体就会更试图向那个方向弯曲而导致沿着物体流动。

在“动一动手”版块中，气球上方的气流因康达效应而沿着气球流动。流线是呈向上凸起状弯曲，根据流线曲率定理，曲线的外侧（上方）是大气压，曲线的内侧（气球表面）的气压低于大气压。而因为在气球的另一端是大气压，压力

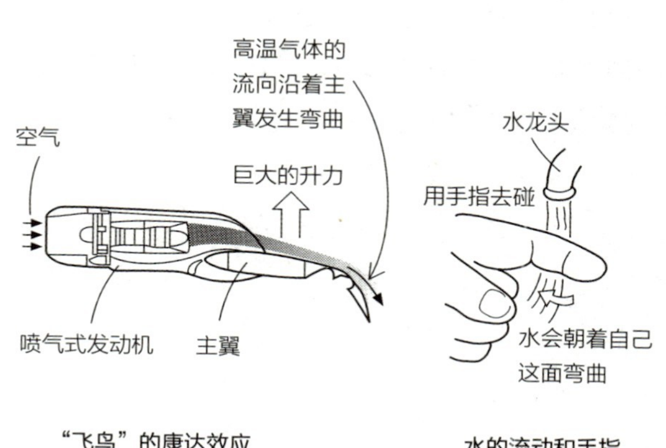

“飞鸟”的康达效应　　水的流动和手指

差产生了把气球朝着斜上方顶起的升力，该力和空气阻力的合力与作用于气球上的重力处于平衡的那个位置，就是气球漂浮的位置。

在其他的例子里，如上页图右所示的那样，用手指去触碰水管里流出的水，水流会因康达效应而向着手指弯过去。之前第二个用勺子做的小实验中，水流也是沿着勺子发生了弯曲。第21篇的“动一动手”版块里，气流沿着纸杯流动的现象也属于康达效应（参见第113页）。

“有什么用途”版块里的“飞鸟”的高温气体也是由于康达效应而沿着主翼流动并在机翼的后方向着下方流去。和“动一动手”版块里的气球一样，受到了向上的力的作用。和普通的机翼相比，“飞鸟”的机翼的流线弯曲程度更大，能产生更大的升力，所以才能够在短距离内起飞。

在以上的这些例子中，关于产生力的因素，局部看来是因流线弯曲而产生的压力差，但总体来看也可以说是因流体弯曲而产生的反作用力。

用吹吸管控制的雪人

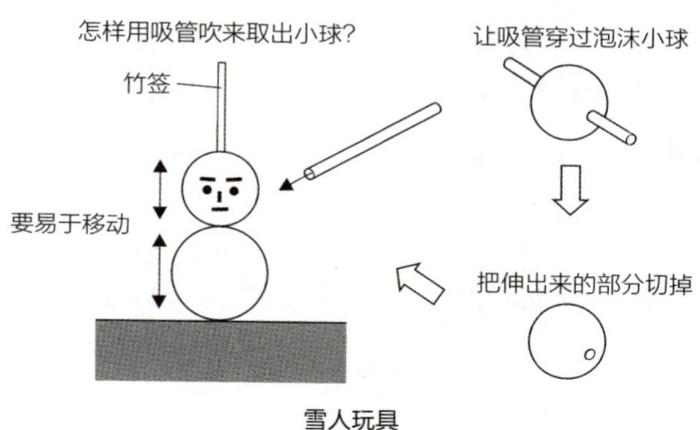

雪人玩具

让我们再来扩展下“康达效应”（参见第22篇）的小游戏。

准备两个泡沫小球（在模型材料店或者手工艺用品店等地方有卖）。用螺丝刀之类的工具在小球上戳一个孔，再把吸管插进去，用剪刀剪去伸出来的部分。这样的小球需要一大一小各一个，接着把它们串到竖在一块板上的竹签上去。因为小球里有吸管穿过，所以应该很容易上下移动。

现在就可以开始玩了。再拿一根吸管来吹，请试着把小球一个接一个从竹签上吹出来。从哪个角度，吹哪个部位是问题所在。

关于这个问题，有初级、中级和高级三种解决方法。在试过各种方法后请想一想。

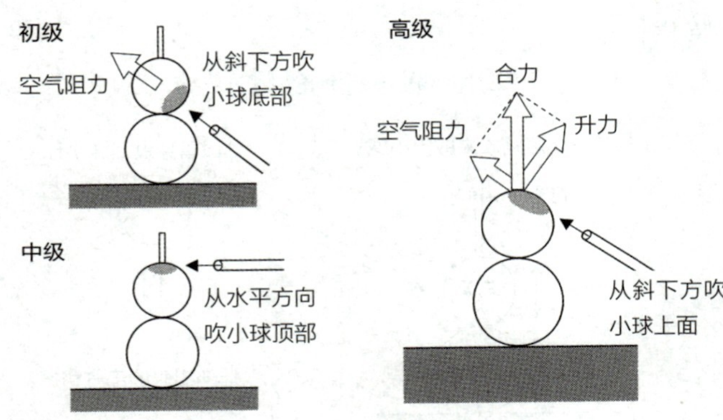

三种解决方法

首先，初级方法。这是利用空气阻力，从斜下方吹小球底部。用这个方法有可能把上面的小球取出来，但下面的小球是无法取出的。

其次，中级方法。稍有些流体力学知识的人也许会从水平方向吹小球的顶部。气流碰到小球顶部，流线会弯曲，根据流线曲率定理，小球表面的压力会下降，由此产生的升力会把小球抬上去。顺便说一下，可能会有人用伯努利原理（参见第 18 篇）来解释这个现象，但并不适用。

最后，高级方法。从稍偏向斜下方的角度吹小球的上面。和第 22 篇里的气球一样，升力（垂直于流体流向的力）和空气阻力（朝向下游处的推力）的合力会以接近竖直向上的角度发生作用。因为球和竹签之间几乎没有摩擦力，所以小球便会顺利地向上浮起了。

23 流动分离 1

用吹风机朝箱子吹风，垂在盒子后方的餐巾纸会向着风吹来的方向飘动。这个现象影响着空气阻力。

动一动手

1

准备一个方盒子，像图里那样用吹风机对着吹风。风的流向要和盒子呈 45 度左右的角度。

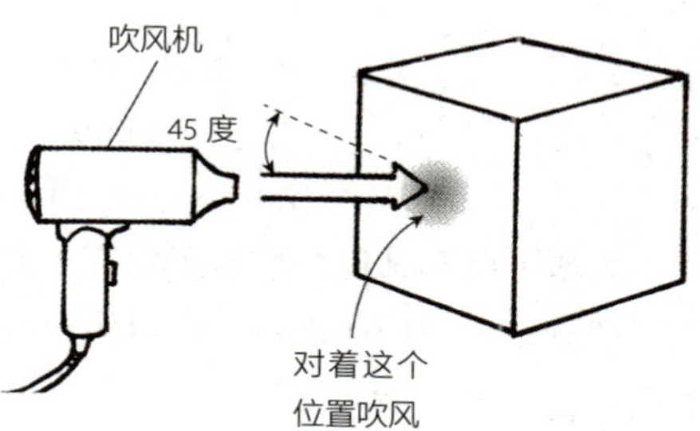
吹风机
45 度
对着这个
位置吹风

2

把剪成细条的餐巾纸垂在迎风面后侧，餐巾纸会沿着盒子向着前面飘动。

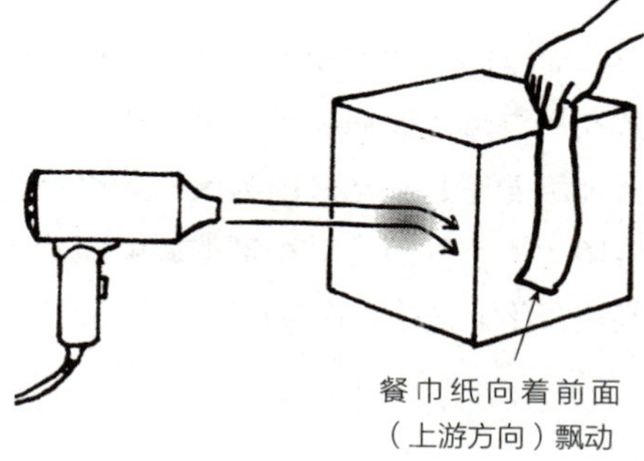
餐巾纸向着前面
（上游方向）飘动

有什么用途?

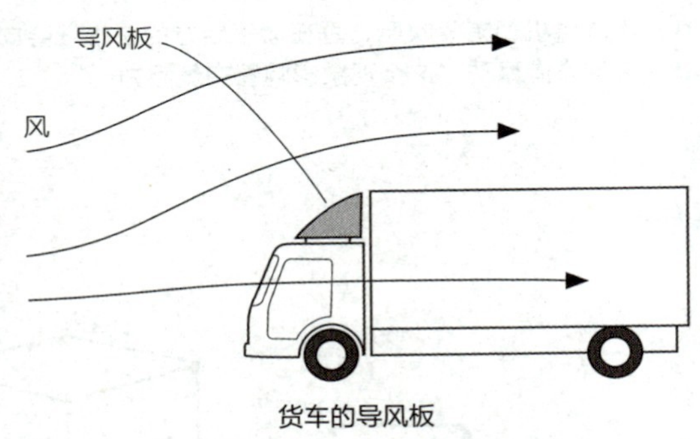

货车的导风板

大家可能都见过在长途运输货车上，有像上图中那样安装于驾驶室上方的曲面板。它叫作导风板，是为减小空气阻力而安装在货车上的。

其中的原理和“动一动手”版块里的餐巾纸向着前面飘来的现象有关系。在盒子的背后形成了漩涡，气流不断循环往复。一旦形成了这种漩涡，空气阻力就会增加。

而车的形状上如果有棱角的话，风从斜向吹来，就会导致在后方形成漩涡。导风板能防止这种现象发生，使气流顺滑地沿着车身流动。因为漩涡难以形成了，所以就降低了空气阻力。空气阻力对车辆的影响随着车速的增加而增加，在高速公路上进行长途运输时，最能发挥出导风板的威力。

揭秘

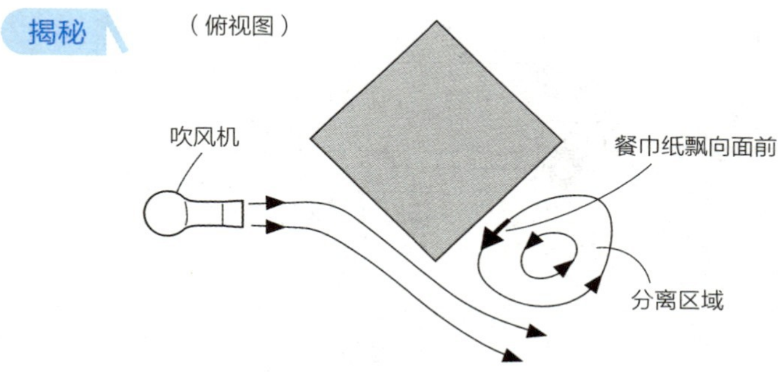

方盒子四周的流体情况

当风吹到方盒子上时，由于气流无法绕过盒子边角处，因此流线会像图中那样远离盒子。盒子的后方处就会形成漩涡，在那个区域里气流不断循环往复地流动着。这种现象就称为流体的流动分离。另外，流体循环往复流动着的区域称为分离区。

在“动一动手”版块中，由于餐巾纸进入了分离区，所以餐巾纸会沿着盒子向着前面飘动。

人们已经发现在一般情况下，物体周围的流体中一旦发生流动分离，流体的阻力（把物体推向下游方向的力）会急速增加。和物体前方的压力相比，物体后方的分离区中的压力偏低，由这前后方之间的压力差加大了阻力（此外，由流体产生的抵抗力即为阻力（参见第 27 篇）。在方盒子的边角以及通流面积迅速扩大的区域里，非常容易发生流动分离。

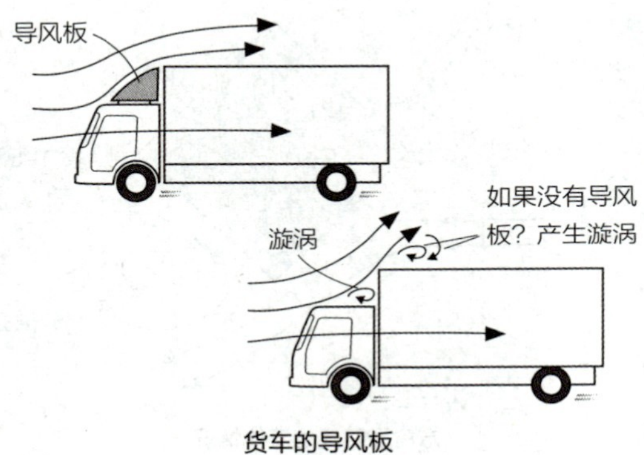

货车的导风板

使物体所受到的阻力减小的非常重要的方法，是将物体的外形设计成不易发生流动分离的形状。

“有什么用途”版块里，货车上安装导风板正是出于这个目的。导风板会防止气流急速弯曲，从而不让流动分离发生。如果没有导风板，就会如图中右下那样，在驾驶室的上方和车厢前方的边角处会发生流动分离，导致空气的抵抗力（阻力）变大。

这样的导风板对于高速行驶的货车起到了至关重要的作用。因为阻力几乎和速度的平方成正比，假设行驶在高速公路上的货车时速为 100 千米，空气阻力就是以时速 50 千米行驶时的大约四倍。因为远距离运输货车会长时间行驶在高速公路上，所以导风板能有效地降低空气阻力，提高燃料利用率。

24 流动分离 2

对着一个圆柱形的空罐或者方盒子吹气时，空罐或盒子倾倒的方向会改变。其中的秘密隐藏在空气流出时的方位里。

动一动手

1

像图中那样，把一个空罐立在一次性筷子上。

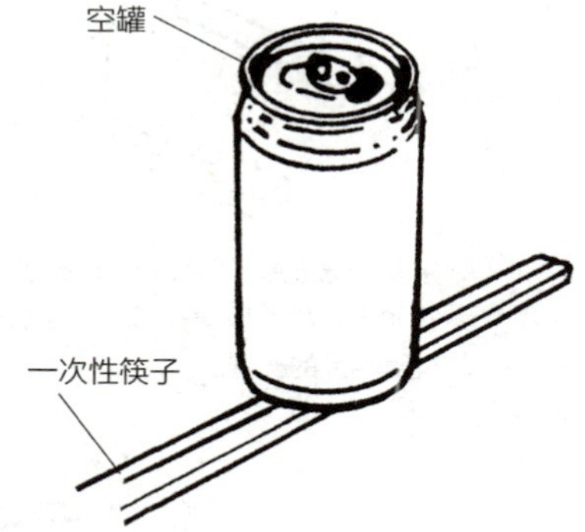

2

请从和一次性筷子平行的方向上，用吸管对着空罐吹气。空罐向着被吹到气的那一侧倒下去。

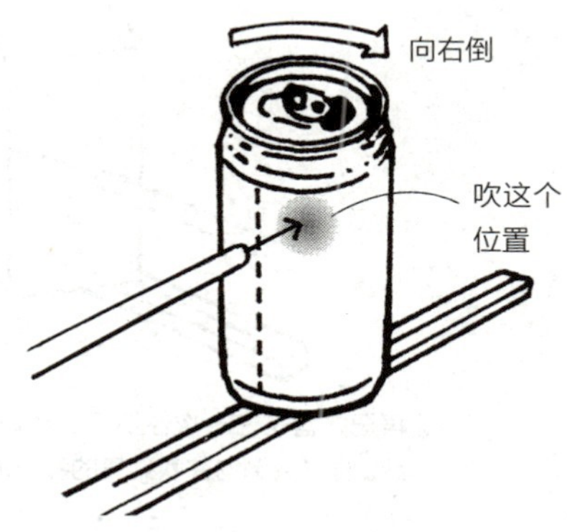

我们在第 21 篇中解释了因流线弯曲而产生升力的原理，但像上页图这样利用流体运动的变化的情况原理也能得到解释。

不仅是飞机，在日常生活中，很多其他情况下都会借助到升力。F1 方程式赛车上使用翼片来产生下压力（朝向地面的力），从而提高接地性，让赛车可以高速行驶。跳台滑雪时的 V 字形飞行也是借助作用于滑雪板和运动员的身体上的升力来延长飞行距离。此时，滑雪板和运动员的身体已经成为一种“机翼”。

有什么用途？

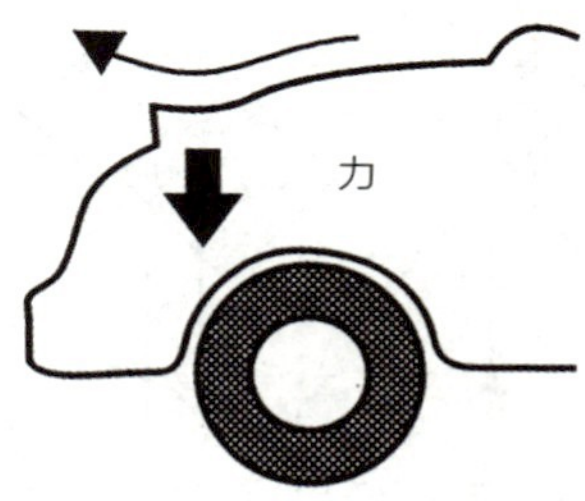

汽车后方的形状示意图

有些汽车的车尾被设计成鸭尾状。空气的流动方向会在这里发生改变，使车所受到的下压力（向下的力）变大。

在“动一动手”版块中，只有第三张图和其他不一样，盒子倒向了同被吹到风的位置相反一侧，汽车的鸭尾的原理和这个相同。在第三张图里，盒子受到向左的力，而鸭尾状的车尾是受到向下的力。力的方向是由空气气流流出的方向决定的。

同第 18 篇的“有什么用途？”版块里的赛车一样，即使是普通汽车在高速行驶时，为了保证接地性良好，下压力也是非常重要的，这样才能增加车胎和路面间的摩擦力从而防止打滑。不过，在普通的汽车上，设计成这个形状很大程度上也是为了美观。

揭秘

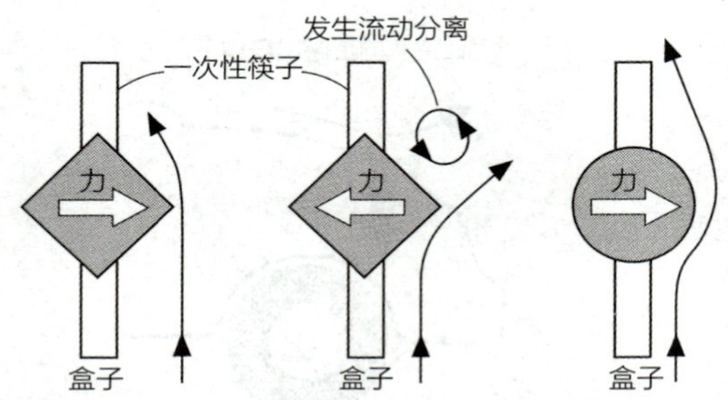

无论哪种情况都会因为反作用力而倒向和流体弯曲方向相反的方向

空气的流动

空气碰到圆柱形的空罐后（上图右），因康达效应（参见第 22 篇）空气会沿着曲面流动而绕到空罐的后方，并向左斜方流出。空罐则受到朝右的力而向右倒。

方盒子（上图中）在被吹到空气时，气流沿着盒子表面行进，到了边角处因无法急速转到近九十度的方向上便发生了流动分离。由于空气变为向右流动，因此受到向右的力，而其所产生的反作用力是向左的力，于是盒子便倒向了左边。空罐和方盒子的差别在于是否发生了巨大的流动分离。

方盒子的边角处被吹到空气时（上图左），和刚才不同，即使在边角处气流不必如此迅疾地变向（能以约 45 度的角度绕过去），因康达效应一定程度上绕到了物体背后。空气的气流即为朝左弯曲，盒子便倒向了右侧。

25 边界层

接近物体表面的流体受到黏性的影响，速度会减慢。利用这一性质我们来玩个简单的游戏吧。

动一动手

1

把两根棉线相互平行地垂下，试着向它们中间吹气。棉线会摇动，但不会发生什么神奇的现象。

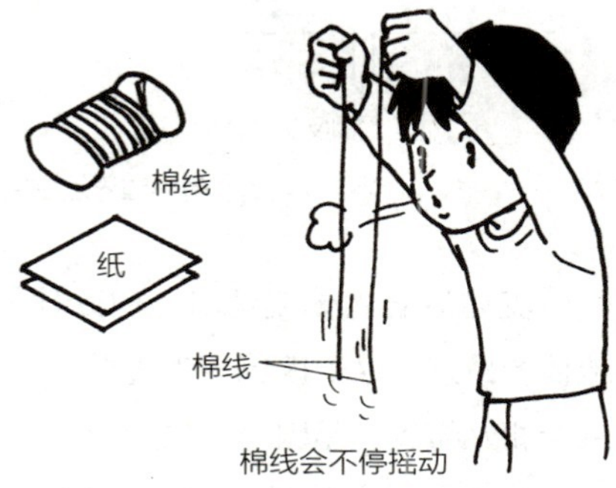
棉线
纸
棉线
棉线会不停摇动

2

接着，把两张纸相互平行地垂下，同样向它们中间吹气。纸会被吸引向中间。

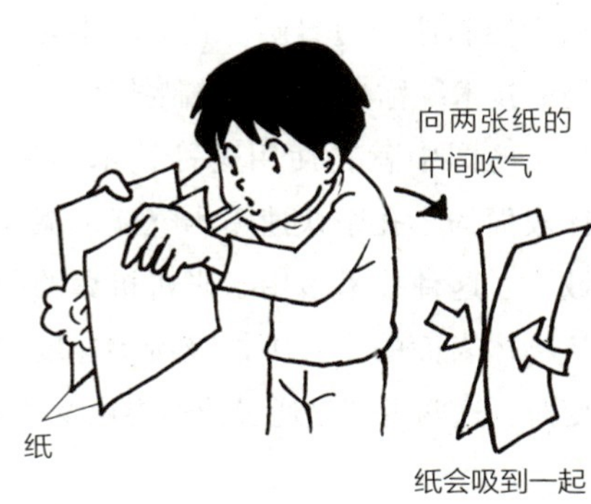
向两张纸的
中间吹气
纸
纸会吸到一起

有什么用途?

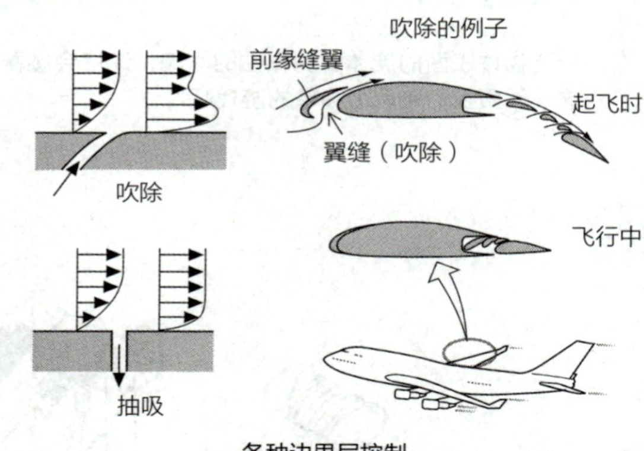

各种边界层控制

流体沿着物体流动时，因黏性的影响，接近物体表面的流体会减速。这个区域称为边界层。在“动一动手”版块里，纸会相互靠近正是因边界层影响而产生的现象。

边界层对空气或水的阻力都有非常大的影响。因此有人认为控制这个边界层，就能减小阻力或提高设备性能。这一类的技术统称为边界层控制技术。

上图中就是使用这种技术的例子。吹除边界层是从物体表面的小孔中快速喷出气流以减少边界层（速度缓慢的区域）。这种技术多用于飞机机翼的前缘缝翼等处。而抽吸是从物体表面的小孔中抽吸流动速度慢的气流，也是使边界层变薄。这两者都是通过让边界层变薄来提升性能。

揭秘

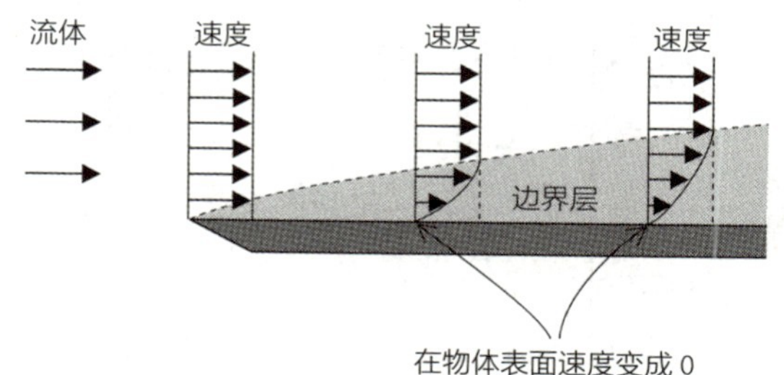

边界层

距离物体比较近的流体会受到物体和流体间的黏滞阻力（参见第 2 篇，第 9 页）的影响。这个力相当于刹车装置，使流体在物体表面的速度变成零，越接近物体表面速度就变得越慢。这种速度变小的区域就是边界层。

因为几乎所有的流体都具有黏性，所以，在物体表面附近势必存在边界层。边界层不但会影响作用在物体上的阻力（空气阻力等），还会影响流动分离（参见第 23 篇）是否会发生等，对整个流体的性质或特性都有巨大的影响。因此，会进行“有什么用途？”版块里所提到的边界层控制。

第 13 篇里的高尔夫球的设计和仿鱼鳞泳衣都是主动将边界层变成紊流的例子。边界层变成了紊流后，就能防止流动分离的发生从而减少阻力。

接下来让我们来揭开“动一动手”版块里的谜团吧。如

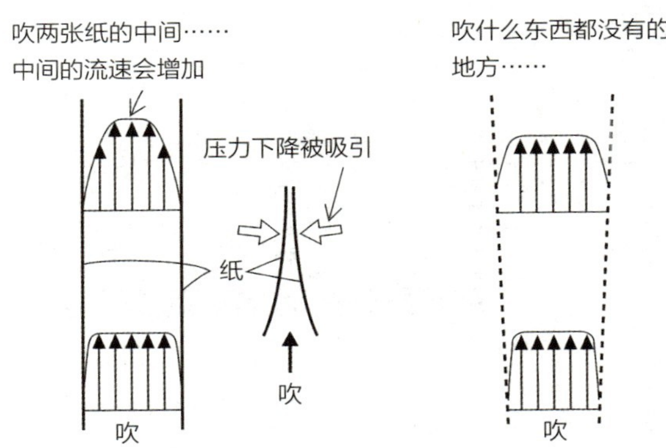
吹两张纸的中间……
中间的流速会增加
压力下降被吸引
纸
吹
吹
吹什么东西都没有的
地方……
吹

吹两张纸的中间会使两张纸吸到一起的原因

果吹什么东西都没有的地方，吹出来的气所形成的“气流”的压力基本等于大气压。虽然有种说法认为“把气吹出来后，该部分的气流会加速，于是根据伯努利原理（参见第 18 篇），压力会下降”，但这种说法是错误的。从“动一动手”版块里的两根棉线不会朝着中间靠到一起的现象也能知道，如果周围什么都没有的话，吹气的速度再快，只要气流一离开嘴，其压力不过就基本等于大气压（和周围的压力相同）。

对着两张纸中间吹的话，沿着纸的表面会产生流速缓慢的边界层。而从上游处吹进来的气流在接近纸的表面时流速会变慢，而流速变慢的这一部分气流会集中到两张纸的中间位置，并转而流速又变快。因此在两张纸的中间位置上，气流越流向下游处，速度就越快，而压力越随之下降（伯努利原理），于是两张纸就吸引到一起去了。

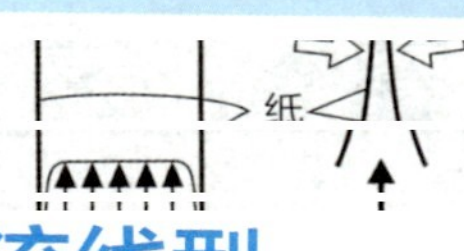

26 流线型

有一种形状叫作流线型，是一种受空气阻力或水的阻力都很小的形状。为什么流体碰到流线型的物体时阻力会变小呢？让我们来研究一下其中的原因吧。

动一动手

的压力基本等于大气压。虽然有种说法认为“把气吹出来后，

1 准备几个瓶口处呈圆锥形的塑料瓶。如果有蛋黄酱之类的空壳子最好了。

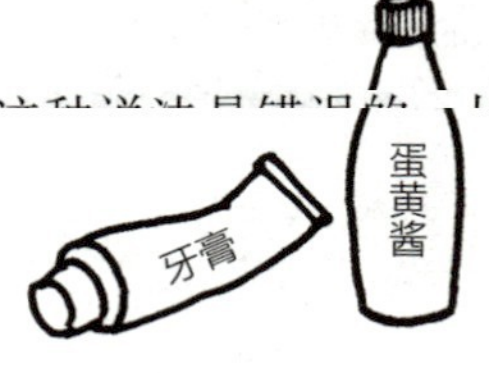

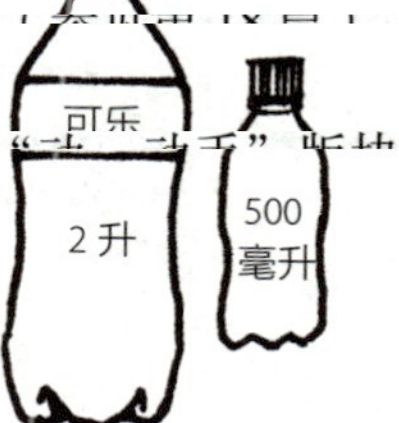

2 像图中那样，把瓶子沉入浴缸后松手。受阻力小的形状的物体会从水面跳起来。

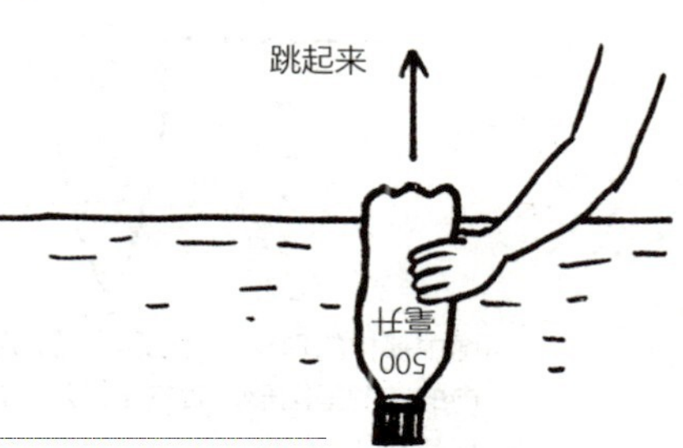

3

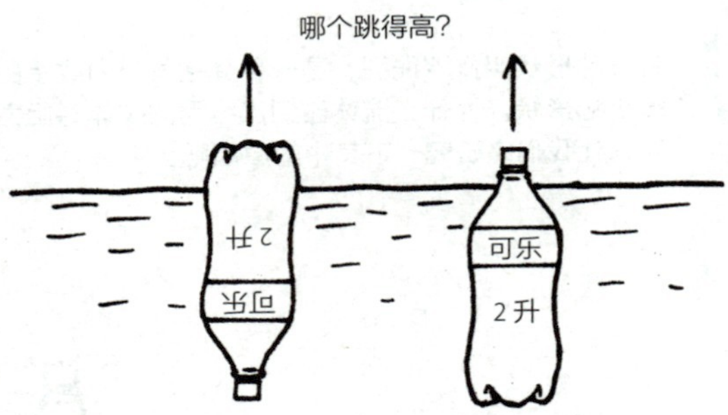

各种形状的物体都试一下。另外，如果把瓶子上下颠倒过来会怎么样呢？受到的阻力越小的物体会跳得越高。

4

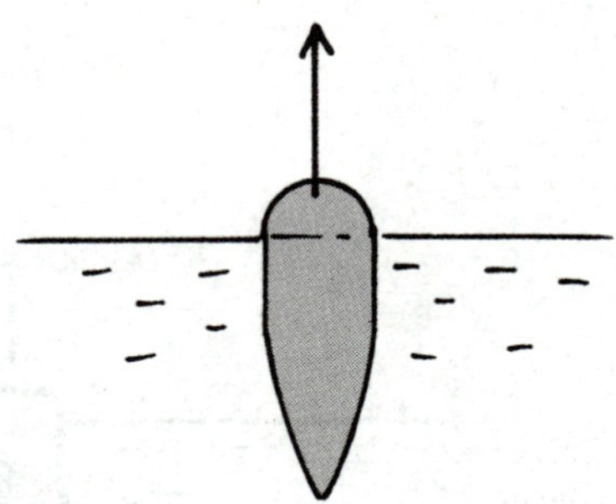

图中那样的形状（流线型）是比较理想的。行进方向的前侧呈圆形，后方呈锥形。接近这个形状的物体都会跳得很高。

有什么用途?

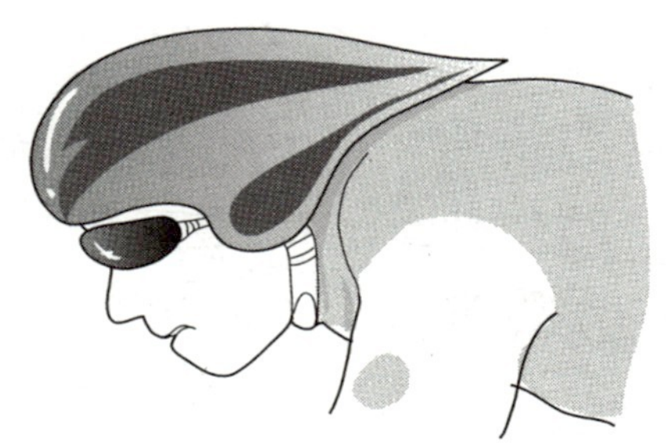

自行车比赛用的头盔

物体受到流动的空气或水的抵抗力等朝着下游方向的力称为阻力（参见第 27 篇）。流线型是众所周知的不易受到阻力的形状，应用在各种各样的领域。

比如自行车比赛用的头盔就是如此。上游侧（头部）呈圆形，下游侧（尾部）则是尖尖的，非常有特色的形状。尤其下游侧的尖尖的形状十分重要。这么一来，流动分离（参见第 23 篇）就很难发生，因此空气阻力会变小。由于自行车比赛分秒必争，所以即使能减少一点点空气阻力也是非常必要的。

在“动一动手”版块中的瓶子也是如此，越接近上游侧呈圆形，下游侧呈尖尖的形状就跳得越高。

鱼的身体、飞机的机身、飞机的主翼、高速磁悬浮列车等都是流线型。它是一种受流体阻力小的理想形状。

揭秘

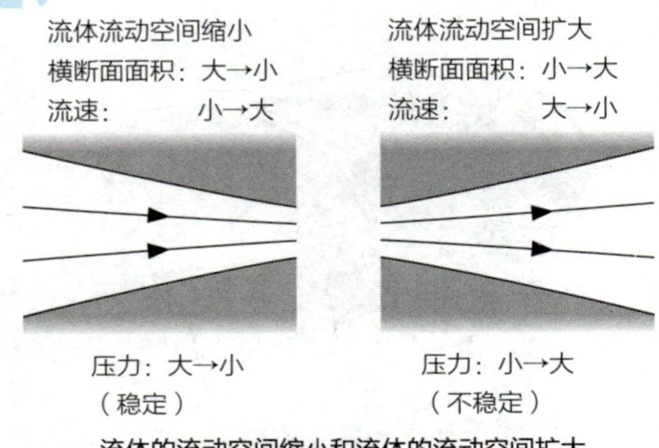

流体的流动空间缩小和流体的流动空间扩大

流线型是受抵抗力（阻力）最小的形状，其原因在于抑制了流动分离的发生。在研究这个之前，我们先来看下为什么会发生流动分离吧。

请看上图中所示的流动空间缩小和流动空间扩大的情况。所谓流动空间缩小是指流体越流到下游空间变得越窄，由此根据伯努利原理（参见第 18 篇）就能知道压力会下降。所以，从高压处流向低压处，是种处于自然状态的流体，因而流体的状态非常稳定。

而流动空间扩大则是指越朝着下游流动，空间变得越宽阔。因为越到下游流体通路的横断面积就越大，流速会越小，所以压力便会不断上升。和处于自然状态的流体（从高压处流到低压处）截然相反，从低压处流向高压处，于是流体的状态就会变得不稳定。

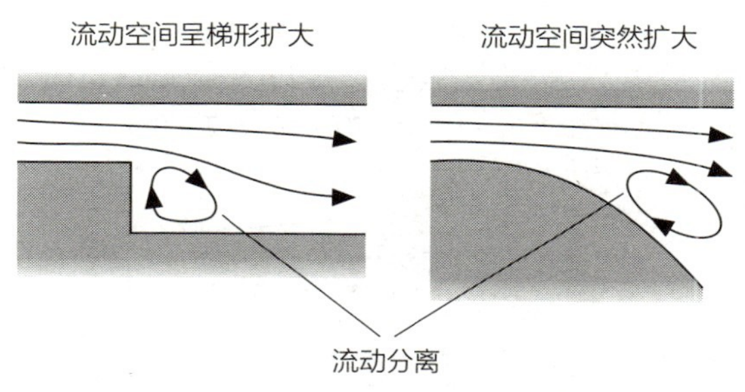

容易发生流动分离的流体

因为在一般情况下，流体从高压处流向低压处是属于自然的状态，所以流动空间扩大了的流体中一定是有什么因素导致易于发生逆流。

在上图中流动空间突然扩大的流体或流动空间呈梯形扩大的流体中，由于流体的流动空间突然变大，因而在靠近固体表面形成了逆流。逆流在扩大了的流动空间中不断循环往复。这就是流体的流动分离（参见第 23 篇）。这种流动空间扩大了的流体会朝着压力上升的方向流动，于是流动分离就更容易发生。设计人员在设计产品时必须十分留意这一点。流动分离一旦发生，抵抗力（阻力）就会急剧增加，也会更加耗能。要让阻力减小，就一定要防止突然间的流体体积扩大，这是设计过程中必须遵守的原则。

与之相对的，流动空间缩小了的流体会朝着压力低的方向流动，所以就不会发生流动分离。因此，流动空间缩小时如果或多或少地发生得突然了一点也没有关系。

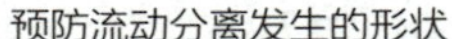

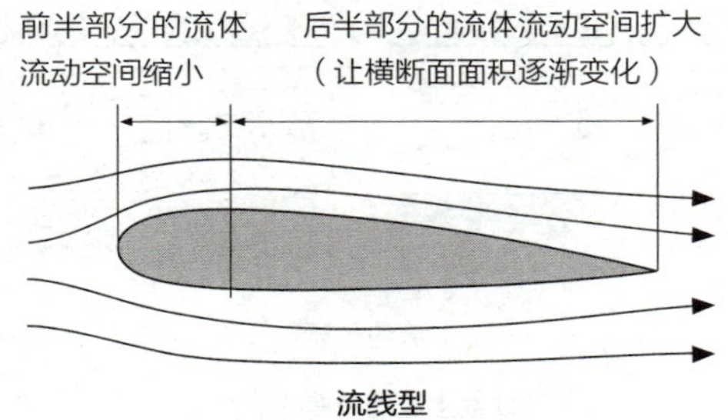

流线型

根据以上原理自然而然就能想到受阻力最小的形状是流线型。

在流线型的前半部分，流体的通路横断面面积被迫收拢，流动空间便缩小了。因此不会发生流动分离，故而物体的粗壮程度所产生的改变多少突然了一些也没关系。但是，如果物体前端呈尖尖的形状，在流体的流向发生改变时，前端处的流体势必会突然弯曲，因此导致无法回流，于是就会发生流动分离。为了防止这种现象发生，流线型物体的前半部分便设计成了圆形。

而在后半部分，因为越流到下游处，通路的横断面面积就越大，扩大了流动空间。而急速的空间扩大或者物体的边角等都会成为流动分离的导火索，所以得慢慢地扩大流体通路的横断面面积，即要让物体的形状逐渐变细。于是，流线型物体的尾部就设计成了尖尖的形状。

综上所述，为了减小阻力，唯有流线型是最理想的形状。

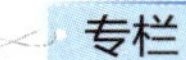
专栏

海豚跳（凭借水的浮力高高跳起的小玩具）

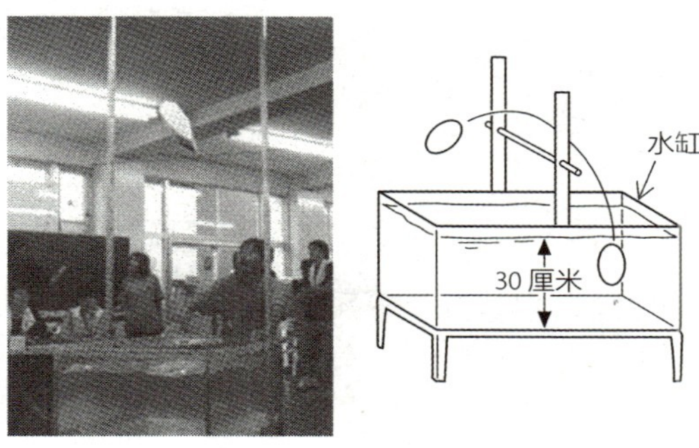

比赛用的水缸

在“不可思议的流体展”（参见第 107 页专栏）上有一种利用水的浮力的，叫作“海豚跳”的比赛。

该比赛的形式像上图中那样，在一个水深 30 厘米的水缸里，放入自己的参赛作品，完全沉入水中后放开手，借助浮力让它跳起，比一比所越过的栏杆高度。这里的制胜关键就是流线型。

这项比赛的参赛者从小孩子到大学生，乃至普通群众都在同一个水缸里一起进行。每年都有很多人参加，盛况空前。即便是小学生，有些也是抱着战胜大人的心态来专心参加比赛的，所以在比赛中，成年人也不敢掉以轻心。

目前为止，用泡沫制作的作品通常能够取得比较好的成绩，但也有很多各式各样的，如使用诸如塑料瓶等材料制成

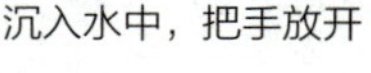
沉入水中，把手放开

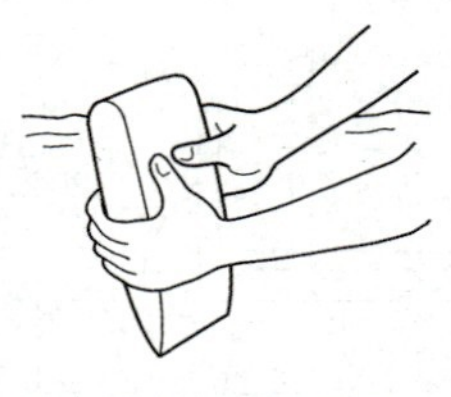
顺利的话，跳起高度
能超过一米

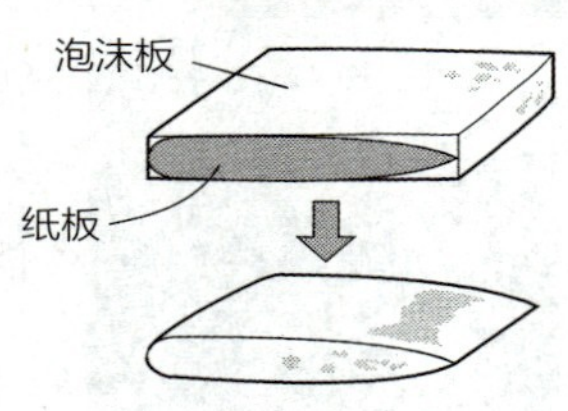
在泡沫板的两个侧面贴上制作
成流线型的纸板，用泡沫切割
机切除不需要的部分
泡沫板
纸板

海豚跳

的作品登场亮相。

上图中展示了一个参赛作品的例子。准备一块泡沫板或者方形木料，切割成所谓的流线型。如果使用泡沫专用的切割机，就能切得十分齐整。有工具的话，几分钟就能做好，能跳到一米左右的高度。因为水会溅出来，所以如果是在家里玩的话，建议放在浴缸里跳比较好。

有一种可乐瓶子只要把可乐倒空了，不用做任何加工就能跳到 50 厘米左右的高度（瓶口向下沉入水中后放开手）。

2003 年第九届展会的大会纪录是由静冈大学的留学生所创下的 1.5 米的纪录。那是一个切成流线型的泡沫板，再在其表面进行了防水处理的作品。

27 升力 1

让飞机浮起来的力是作用在机翼上的升力。让我们使用日常生活中的物品来制作一个机翼吧。

动一动手

从泡沫盘子上剪出一块正方形的泡沫板。

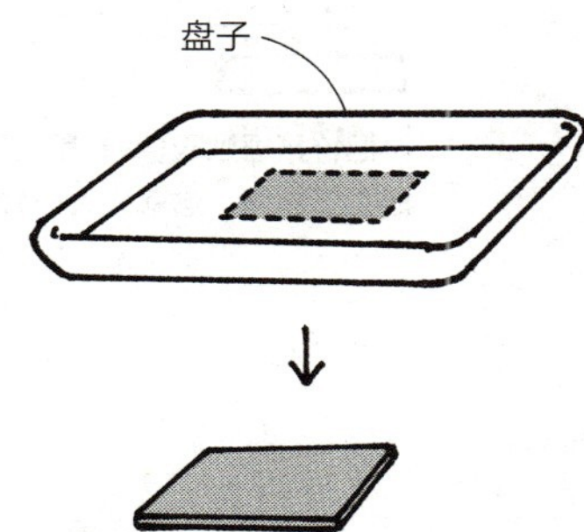

2

把这块板稍稍倾斜一点，像图里那样用竹签穿过它。

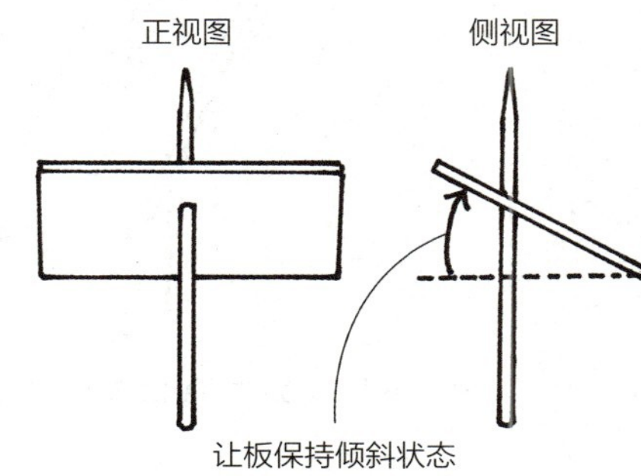

3

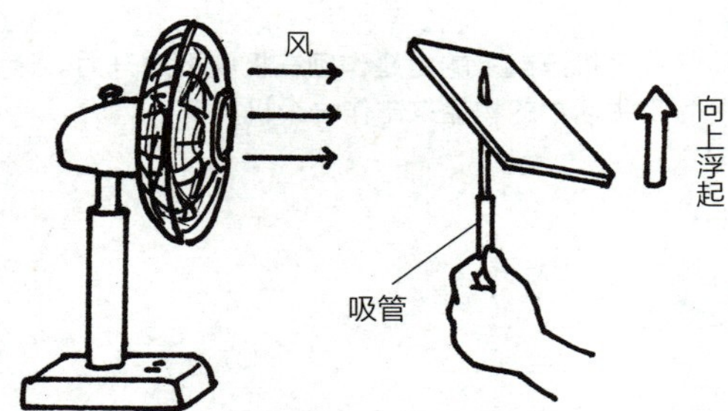

再把竹签插到吸管中，用电风扇或电吹风对着它吹，板会浮起来。这就成为一种机翼。

4

调整前后左右的位置和倾斜的角度

如果不平衡，就请调整插竹签的位置或板的角度。

有什么用途?

“动一动手”版块里所制作的是一种机翼。因为它是使用平坦的板材制成，所以叫作平板翼。

机翼上会产生升力的原理在“流线曲率定理”（参见第21 篇）中已经说明。因流线发生弯曲，在机翼朝上的一面上的压力低于大气压，朝下的一面的压力高于大气压，由这个压力差产生了升力。

“动一动手”版块里的小玩具能确认机翼朝下一面的受力情况。让泡沫板倾斜能使流体的流向转而向下，从而获得升力。飞机主翼等普通机翼的朝下一面的受力情况就是基于与之同样的原理。

这么一来，即使是没有弯曲的平板也能通过在流体中倾斜一定角度来获得升力。

揭秘

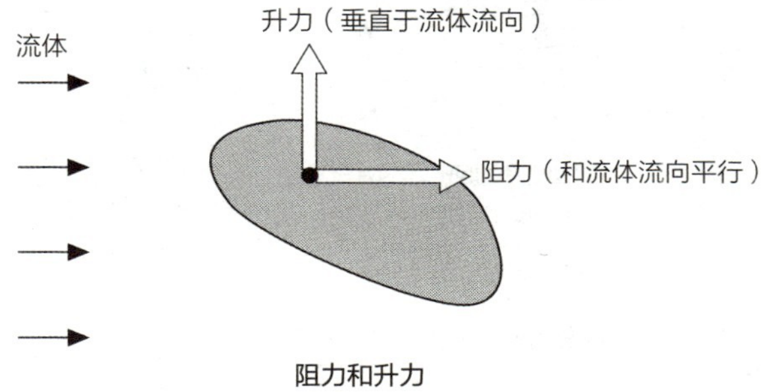

阻力和升力

放置在流体中的物体所受到的力有阻力和升力两种力。

阻力是指顺着流体流向的力，即所谓的空气的抵抗力或水的抵抗力等来自流体的一种抵抗。因为所受阻力的大小直接影响到能耗，所以在一般情况下设计设备时都会注意减少阻力。不过也有像降落伞或空气制动器（利用空气阻力制动）之类的利用阻力的产品。

升力是指和流体流向呈垂直方向的力。飞机安装主翼就是为了让它产生升力。另外，从升力这个名称本身很容易被解释为“向上抬起的力”，但它正式的解释应为“垂直于流体流向的力”。F1 方程式赛车上的翼片所受到的下压力（方向朝向地面的力）也是一种升力。

力作用在机翼上的原理符合“流线曲率定理”（参见第 21 篇）所述，能用流线的弯曲导致物体上下两面之间存在压

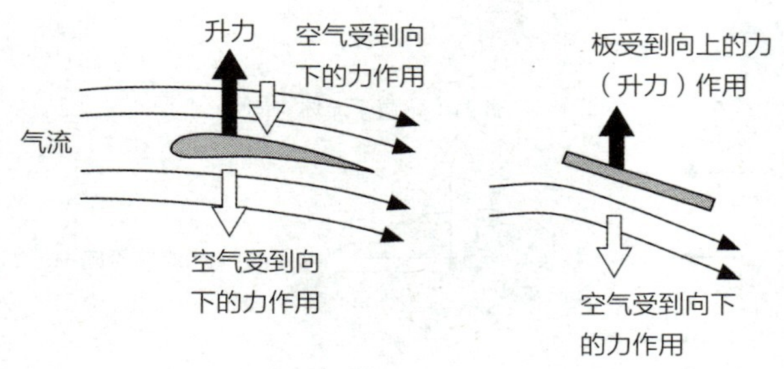

作用在飞机的主翼（左）和泡沫板（右）上的力

力差来说明。或者也能用以下这种从流体运动的变化来说明。

在“动一动手”版块里，泡沫板因为相对于流体呈一定的角度，所以碰到板上的风会向着下方弯曲。这时，空气中会受到来自板的向下作用的力。反之，该力的反作用力则造成板受到了来自空气的向上作用的力，这个力就成为升力。

飞机机翼设计也符合这条原理。飞机主翼也相对于流体呈一定角度。这个角度叫作迎角。机翼下方的气流的流向因机翼转而向下。上方则因康达效应（参见第22篇），气流沿着机翼流动，最终向着下方流出。上方和下方的空气流向都发生了向下弯曲，由此就能知道空气受到作用方向向下的力。而这力的反作用力就成了作用于机翼上的升力（这种情况中是方向向上的力）。

各种情况下所使用到的升力

我们在第 21 篇中解释了因流线弯曲而产生升力的原理，但像上页图这样利用流体运动的变化的情况原理也能得到解释。

不仅是飞机，在日常生活中，很多其他情况下都会借助到升力。F1 方程式赛车上使用翼片来产生下压力（朝向地面的力），从而提高接地性，让赛车可以高速行驶。跳台滑雪时的 V 字形飞行也是借助作用于滑雪板和运动员的身体上的升力来延长飞行距离。此时，滑雪板和运动员的身体已经成为一种“机翼”。

动一动手

1

把较厚的纸张弯成图中的样子，并粘贴到竹签上，这样就成了一张帆。

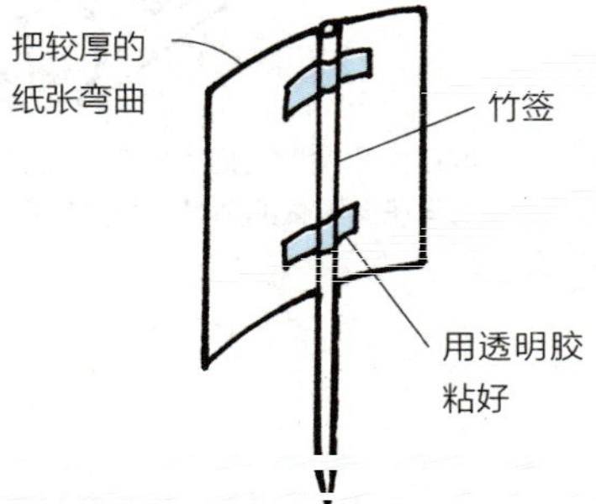

把较厚的
纸张弯曲
竹签
用透明胶
粘好

2

使用盒子或较厚的纸张等来制作一个底座，把厚纸做的帆插在上面。

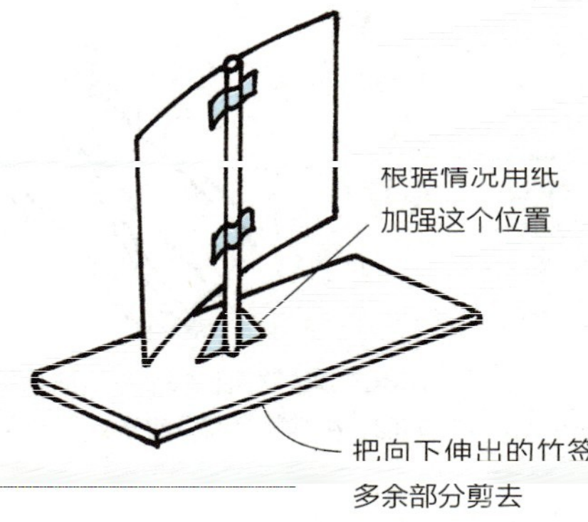

根据情况用纸
加强这个位置
把向下伸出的竹签
多余部分剪去

3

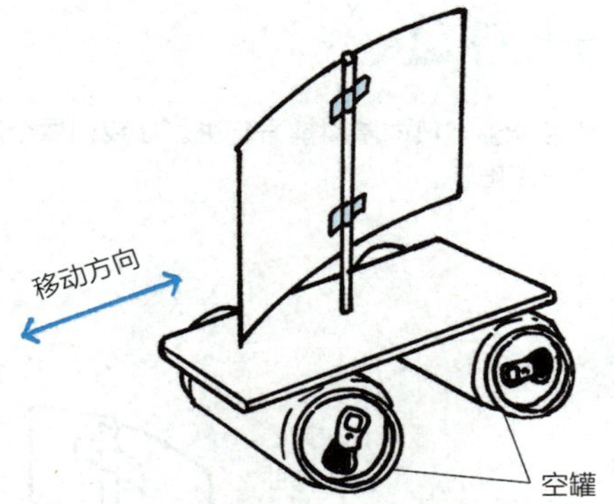

准备两个空罐，把底座安放在空罐上。请照着图里的样子调整帆的角度（角度也可以参考 4）。

4

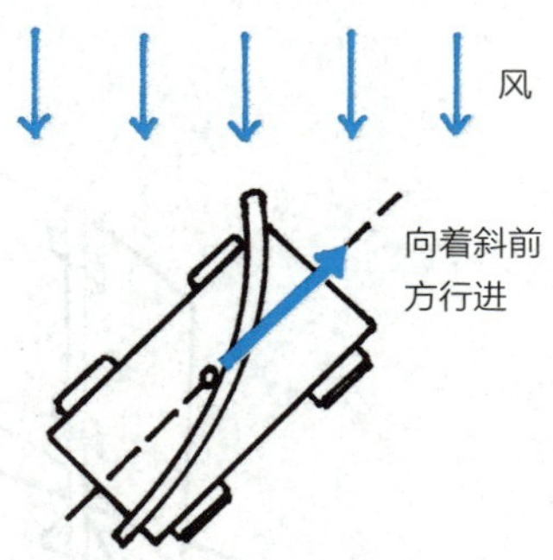

用电风扇或吹风机吹小车。把小车放成图里那样的方向，小车就会迎风向着斜前方行进。

有什么用途?

帆船

帆船能够迎风向着斜前方行进。只要不断切换（这叫作抢风）船身的朝向，即使完全顶着风也可以呈之字形前进。这正是由于利用了作用在帆上的升力的缘故。

不过，大概会有很多人认为帆船在顺风时是行驶得最快的吧？如果是完全的顺风，只要让帆垂直于风向，确实是一帆风顺，也许能达到最舒适的行驶状态。但是在这种情况下，船的行驶速度是无法超过风速的。如果风力比较弱，那么船就会几乎提不起速度，因此，顺风对于帆船来说，绝不能断言是好风。

另外，如果利用好了升力，就可能航行得比风速还快。帆板冲浪也是如此。

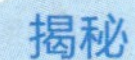

揭秘

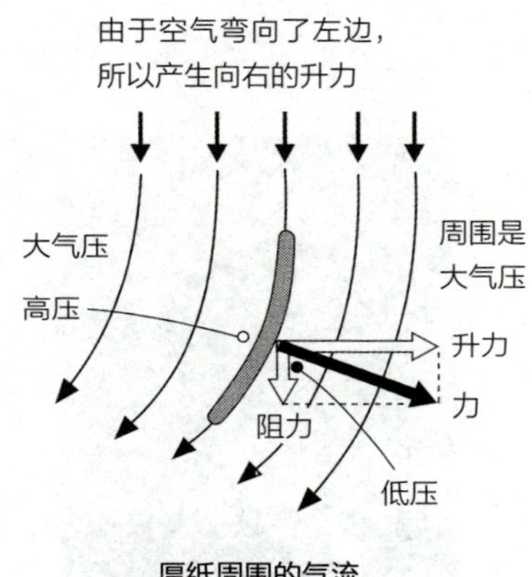

厚纸周围的气流

“动一动手”版块里的厚纸起着和帆相同的作用，通过它可以了解帆船的原理。当风吹到厚纸上时，空气会沿着厚纸流动。此时，空气受到来自厚纸的力的作用，因此会改变流向。在上图中，气流沿着厚纸弯向左边，其所产生的反作用力就会使厚纸受到一个向右的力。在这个力里面，同上游流体的流向呈垂直方向的那部分力就叫作升力。

用流线曲率定理（参见第 21 篇）也能解释这种现象。在厚纸凸出的一面上，相对于距离厚纸比较远的地方（大气压），越接近厚纸表面，即越接近流线曲线的内侧压力就越低。而在凹下去的一面则相反，由于距离厚纸表面越近就越是流线曲线的外侧了，所以压力会越高。如此一来厚纸里外两面之间就形成了压力差，于是就产生了升力。总之，这和机翼的升力的原理是相同的。

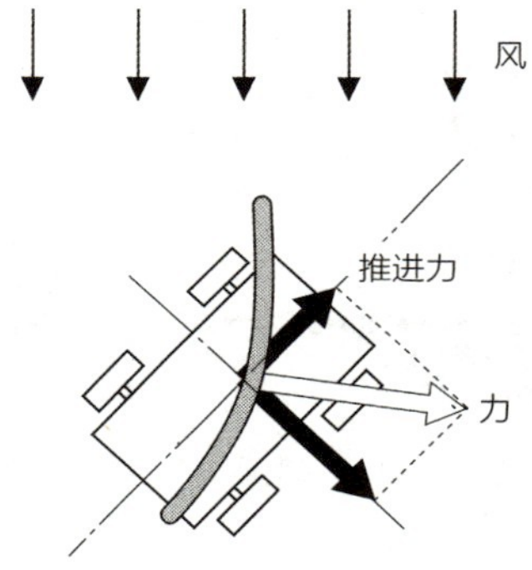

小车的朝向和行进方向

我们现在知道了“动一动手”版块里的布置方式是使力作用于厚纸凸面上的。该力的大部分是升力。接着让我们再来看下小车的朝向问题。小车只能朝着前后方向行驶。当像上图中那样布置小车的位置时，是把力分解，分出了小车前后方向上的力之后，其中一部分力就会成为迎着风朝向斜前方的力。凭借这个力，小车便迎风斜向行进了。

可以说帆船也是同样的情况。如果把上图中的小车换成帆船，就能理解帆船为什么向着斜前方航行了。稍微行进一会儿再切换帆船的左右朝向，这样即使逆风也能以之字形前进了。因此，无论风向如何，船都能到达目的地。不过，在实际情况中因为还受到潮汐的影响，那样的操控就有点难了。

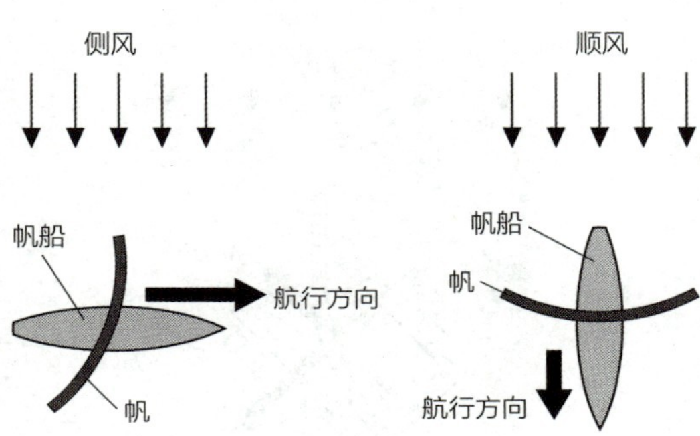

顺风真的好吗?

“有什么用途？”版块里，关于顺风我们稍稍谈了一下。对于帆船或帆板冲浪来说，顺风并不是那么好的风。顺风的时候，让帆垂直于风向的话，能凭借空气的抵抗力（阻力）来航行。但这也许只是在当水流的状态和力的方向非常简单，很容易判断时的最让人满意的风。可是这种情况下，船是无法以比风速还快的速度行驶的。假设风速是每秒 5 米的话，航行速度就不会超过时速 18 千米（每秒 5 米）。

而如果基本属于侧风状态的时候，可以凭借升力来获得推进力。只要船身和帆的设计能减小阻力，帆船就能不断加速，甚至超过风速行驶。举个关于升力的优点的例子。帆板冲浪时，在风向条件不是太好也不是太恶劣的情况下，据说时速能达到 30~40 千米。

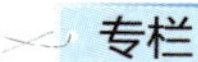

专栏

错误的机翼原理

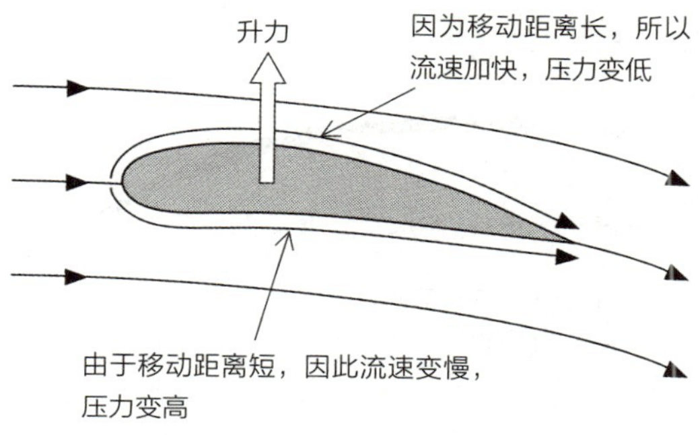

关于“机翼的升力”的错误解释

应用于飞机的主翼等使升力作用到机翼上的原理是我们已经根据流线曲率定理得到的正确解释。

但时不时地会看到一些书上进行了错误的解释。即便是大学物理学的教科书上有时甚至也会弄错。其中一个错误解释是这样的。

“因为机翼是呈弯曲状的（上图），所以沿着机翼朝上一面流动的气流比沿着机翼朝下一面流动的气流所流经的距离要长。由于流经时间相同，而移动距离更长，所以上方的流速快，并且根据伯努利原理，上方的压力就会降低。而朝下一面则相反，下方的流速慢，故而压力升高。于是上下方之间的压力差产生了向上的力，即产生了升力的作用。”

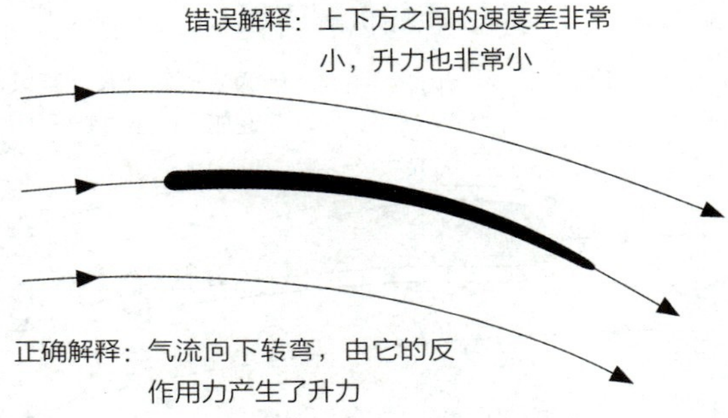
错误解释：上下方之间的速度差非常小，升力也非常小
正确解释：气流向下转弯，由它的反作用力产生了升力

非常薄的机翼能产生升力吗?

让我们来看这种解释到底错在了哪里。

如果这种解释正确，那么上图中这样薄薄的机翼就会只能产生非常小的升力了。即因为机翼上下两面的气流通路的长度基本差不多，所以速度差也会非常小，于是就能得出升力也非常小的结论了。可是在实际情况中，这样的机翼也能产生足够的升力。正如第 28 篇里所说明的那样，根据流线曲率定理，类似图中这种非常薄的机翼的上下两面之间也能产生压力差（产生升力）。而根据伯努利原理（流体的能量守恒定律，参见第 18 篇）也能知道上下两面之间会产生速度差。实际上，气流分别流经上下两面时所用的时间是不一样的。

29 马格努斯效应

在棒球场或者足球场上，让球旋转起来后为什么飞行轨迹发生变化呢？让我们来研究一下其中的原理吧。

动一动手

1

把纸卷成筒状，用透明胶带固定住。纸的话，要找像广告纸一类的不太厚的纸会比较好。

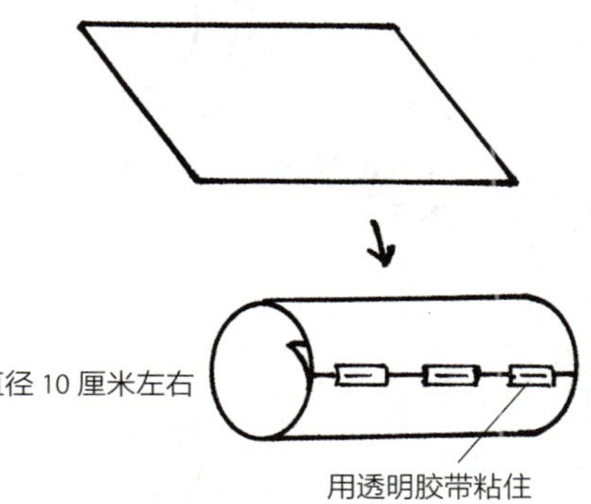

2

在纸筒的中间部位，用线绳缠上 2~3 圈。

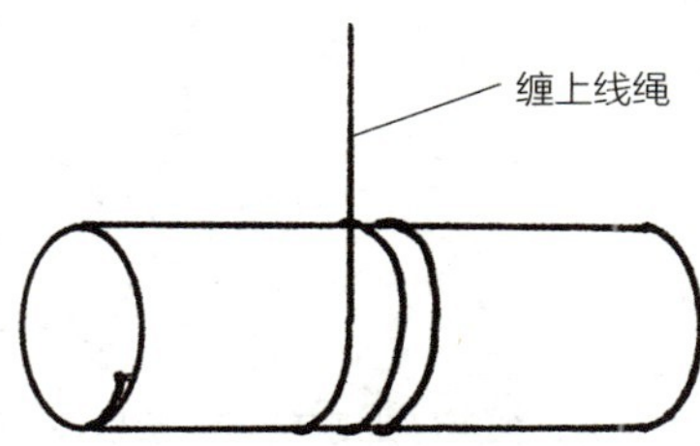

3

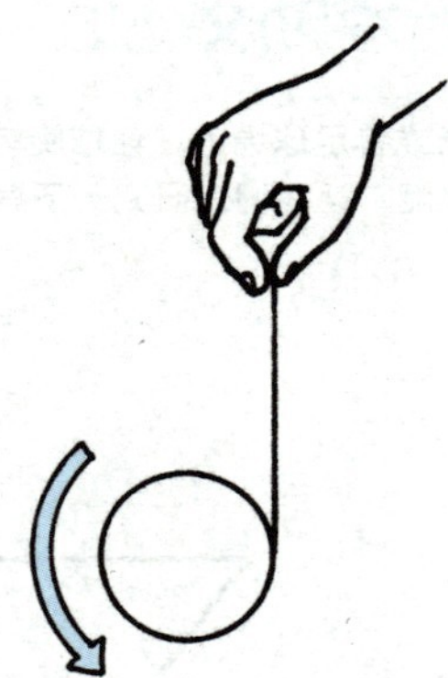

用手拿着线绳的一端，手放开纸筒。纸筒会旋转着落下。

4

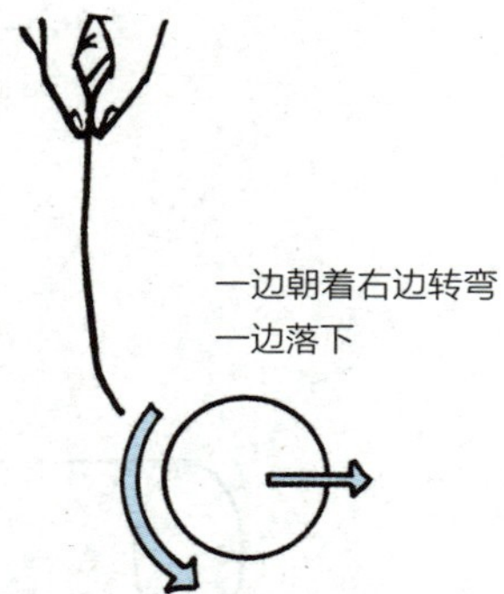

如果仔细观察的话，会发现纸筒是朝着一侧边转弯边落下的。

有什么用途?

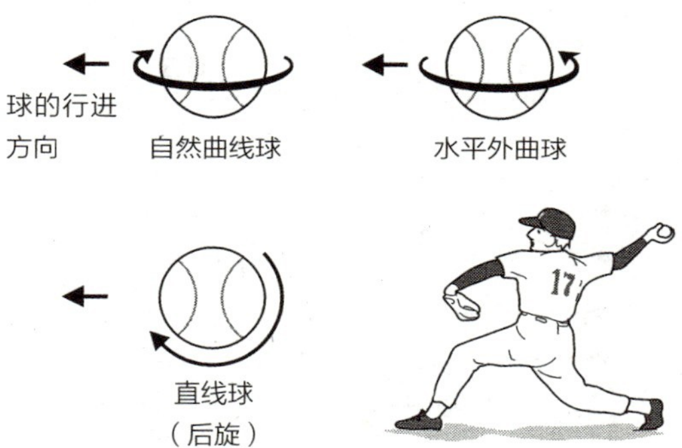

球的旋转和拐弯球

当棒球或足球旋转时，它们飞行的方向会发生变化。比如棒球的投手在投球时，如果是右投（右手投球），从投手正上方会看到，如果棒球旋转是顺时针方向的话，球就向右飞（自然曲线球）；如果棒球旋转是逆时针方向的话，球就向左飞（水平外曲球）。球的行进方向发生了横向上的变化。而足球的话，在罚角球时，如果让球旋转得足够好，就能直接瞄准球门进球得分。

此外，如果让球带下旋的话会产生朝上的升力。棒球中的直线球或者高夫球里的击球都是这类球。棒球的本垒打就是让球产生下旋以延长它的飞行距离。而在打排球时的发球以及在网球或乒乓球之类的要让球落入球场范围内的比赛中，多是反过来利用使球上旋所产生的朝向地面的升力。这些都和“动一动手”版块里的纸筒是同样的原理。

揭秘

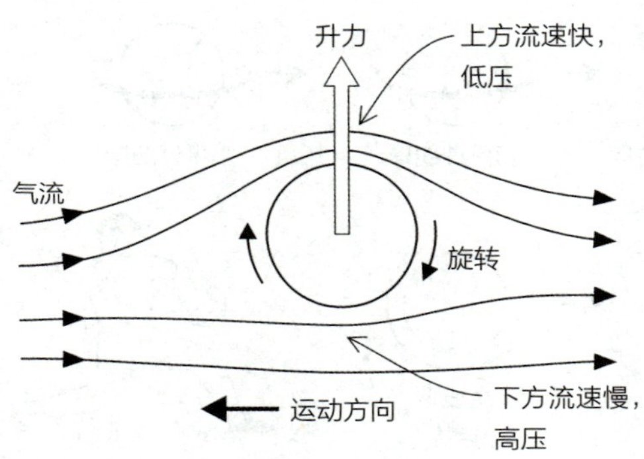

圆筒旋转时四周气流的状态

“动一动手”版块里的纸筒缠上线绳下落后，会旋转起来。我们来根据上图中所示，讨论一下圆筒旋转时四周气流的状态。圆筒是处于边做下旋边朝左边飞去的状态，空气的气流则是从左侧碰到圆筒。在圆筒上方，由于旋转方向和气流的方向是一致的，所以会因黏滞阻力（参见第 2 篇，第 9 页）而使得空气流速变大。在下方，流速变小。根据伯努利原理（参见第 18 篇），能知道流速较大的上方处，压力低，而流速较慢的下方处，压力会变高。由此，该压力差产生了上图中所示的方向向上的升力。

这种通过物体在流体中旋转而会获得升力的现象称为马格努斯效应。研究一下“动一动手”版块里的旋转方向和气流弯曲方向就能知道和以上的情况是相同的。

30 漩涡脱落

处于流体中的物体会发生不规则的摇摆等运动现象。这和形成于物体后方的漩涡有关系。

动一动手

1

把一个10日元硬币沉入水中。正对着10日元硬币，再从它的上方沉入一枚1日元的硬币。

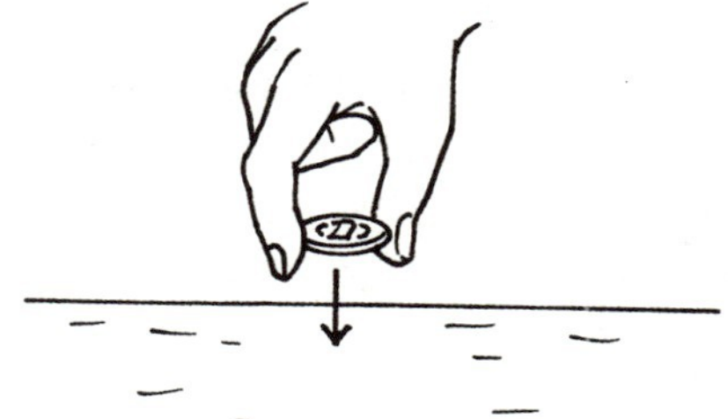

2

1日元硬币会左右摇晃着沉落到偏离10日元硬币的地方。怎么也没法顺利地落到10日元硬币上。

3

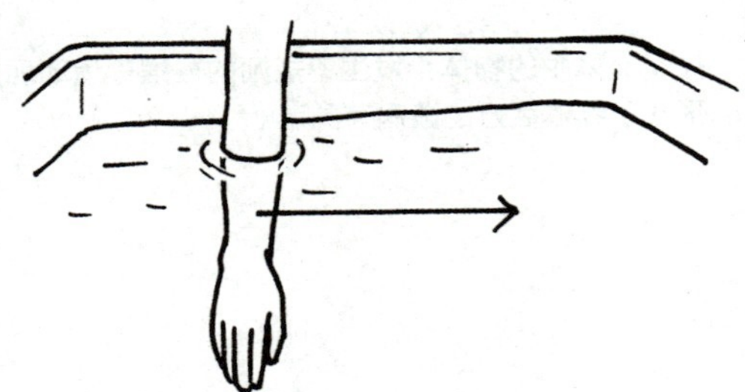

在浴缸里，让手臂快速地在水里按直线方向移动。

4

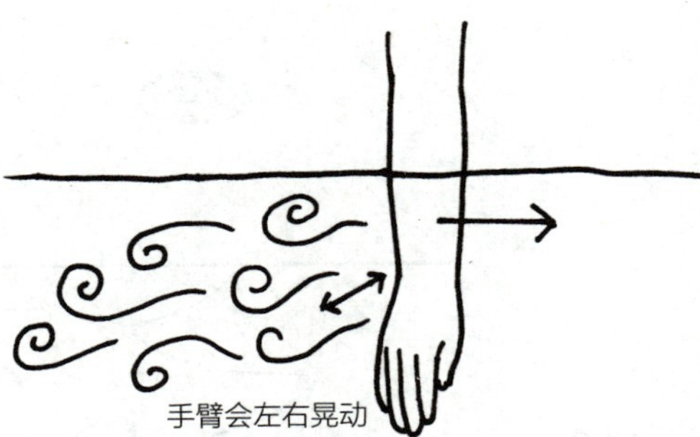

手臂会左右晃动，无法笔直移动。而且越试图动得快就摇晃得越厉害。

有什么用途?

1940 年，在美国的塔科马海峡，一座叫塔科马大桥的吊桥发生了重大事故。这起事故在流体力学领域非常有名。

尽管塔科马大桥的建造凝集了当时最先进的科学技术，但完工开通后不久就因强风而垮塌了。对于相关负责人来说是教训极其深刻的事件。而且当时的风速不过是每秒 19 米，日常生活中很常见的强风而已，所以这一点使垮塌事件更让人铭心刻骨。

凭借当时的科技水平没能马上查明事故发生的原因，但在后来进行了很多相关的调查研究。流体和振动问题的解决进展得非常迅速，现如今的很多吊桥都已经是十分安全的了。

“动一动手”版块里，物体之所以放在水中后会发生摇晃的原因和塔科马海峡大桥事故有相同的原理。

揭秘

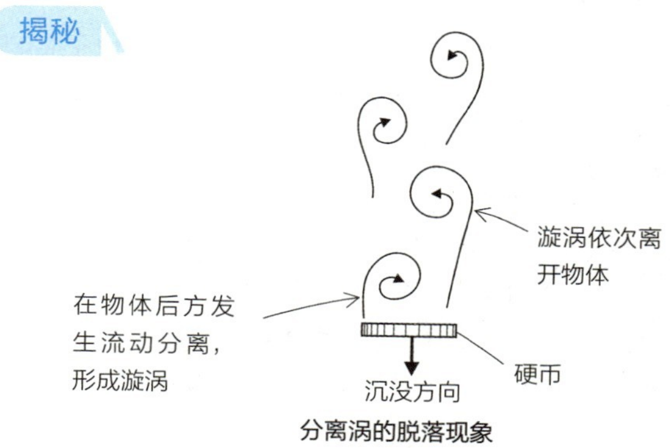
漩涡依次离开物体
在物体后方发生流动分离，形成漩涡
硬币
沉没方向
分离涡的脱落现象

在多数情况下，如果物体在流体中运动或者将物体放置到流体中，都会发生流动分离（参见第 23 篇）。除了流线型物体，在其他物体背后会形成逆流区域而产生漩涡，这类漩涡叫作分离涡。

分离涡会连续产生，依次离开物体向着下游流去。这时，如果漩涡是左右交替形成而流向下游的话，流体就会反复不断地交替着绕回物体的后方。因而流体的流动方向会左右变化，于是便会产生和流体呈垂直方向（左右）的振动力使物体发生振动。

“动一动手”版块里的硬币左右摇晃着下沉或者手臂晃动，都是因分离涡的形成和脱离所导致的。这种现象并不少见，在日常生活中经常会发生。风吹过时树枝会摇摆以及旗帜会飘扬等，都是分离涡所造成的。只不过如果只是单纯摇晃并不会有什么危害，但有时会因此产生令人不快的振动或者噪声，甚至有时会导致事故发生。

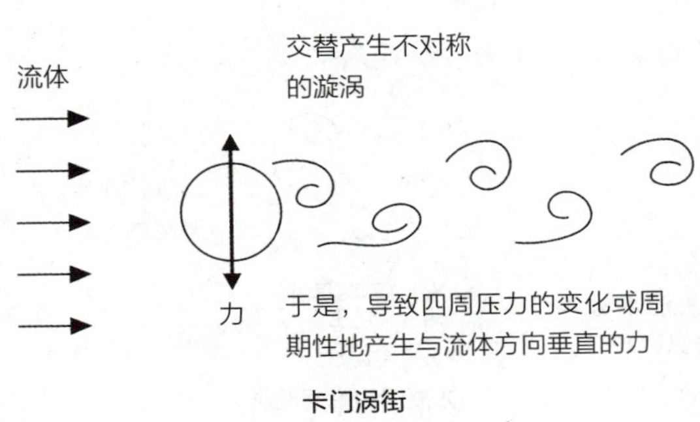

卡门涡街

在分离涡中需要留意的是当漩涡有规则地产生的时候，其中的代表就是卡门涡街。卡门涡街是指如上图所示的在物体的背后周期性地交替形成和流体流向呈垂直方向的漩涡的现象。如果漩涡不是交替而是同时形成的话，漩涡之间就会互相干涉而变得不稳定。由于流体倾向于稳定状态，因此漩涡的形成呈现出了交替的形式。卡门涡街一旦形成，就会发生周期性的压力变化以及力的作用，由此便会导致声音和振动。风吹过时发出的“咻”的声音就是卡门涡街的产物。这种声音并不只是因为风而产生，风里有物体，形成分离涡时也会发出声音。

此外，卡门涡街所引发的振动一旦导致发生共振，可能会造成非常大的事故。所谓共振是指物体所具有的固有频率（该物体发生振动的频率）和周期性的外力的频率达成同步

分离涡的形成和振动
的发生是同时的
推的时机把握得好的话，
摇动幅度会渐渐变大
塔科马大桥
秋千

对共振现象要小心！

的时候的振动。比如在玩荡秋千的时候，如果每次推的时机都把握得很好的话，秋千荡的幅度会逐渐变得越来越大。这时，推的时机无论是快了还是慢了都不行，一定得和秋千荡的频率保持一致。这就是共振，即使每一次的力都很小也会引起大振幅，是一种非常危险的现象。

“有什么用途？”版块里的塔科马大桥的事故也是因为形成分离涡的频率和大桥的固有频率达成了同步，引发了共振。这是因为当时的人们对于流体和振动的知识以及经验不足而导致的设计上的失误。面对流体和振动的问题时，必须极其小心谨慎。

专栏

风力船（凭借风力迎风直行的船）

比拼迎风航行的船的奇思妙想

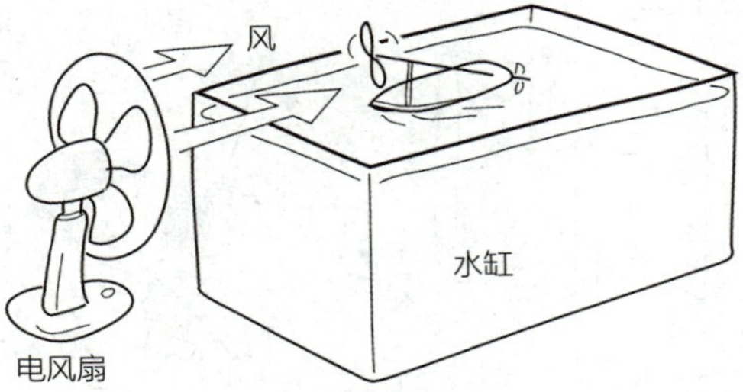

比赛用水缸

“不可思议的流体”比赛中还有一项叫作“风力船”的比赛。这是把和风力汽车（参见第 106 页的专栏）同样的机制运用到船上的一种装置。选手们相互比拼船利用周围的风能迎风航行的奇思妙想比赛。

也许会有人怀疑：“这种事情可能吗？”笔直迎风行进的船不但可能，而且在大会上有很多参赛者已经成功做到了。因为风是具有能量的，所以只要能利用得合理就可以让船战胜空气阻力勇往直前。从帆船能顶着风向着斜前方航行现象，大家应该可以想象到了吧？

不过，和陆地上行驶的风力汽车相比，船的技术难度更高。

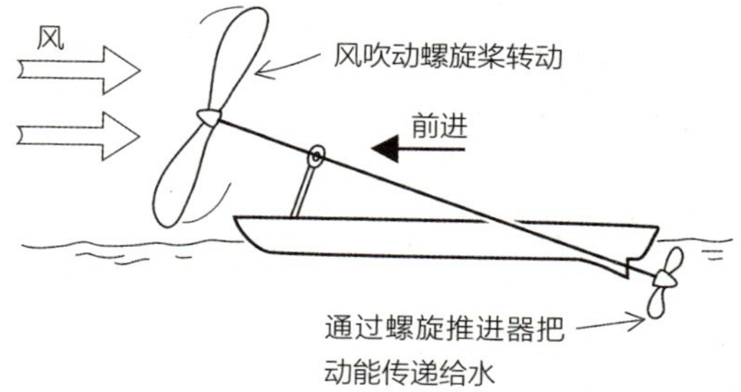
从风中获取的能量虽然会较少，但可以把足够推进船的动能传递给水
风
风吹动螺旋桨转动
前进
通过螺旋推进器把动能传递给水

风力船示例

那么，为什么风力船能够向前行进呢？

通过螺旋推进器传递给水的能量比起螺旋桨从风中获取的能量要小。因为螺旋桨和螺旋推进器的工作效率以及摩擦等因素会造成能量损耗。但如果能够很好地满足了一些条件，给予水的力（推进力）就能大于空气阻力加上水的阻力的合力，于是船就能前进。

比如，图中的风力船的结构虽然很简单，但实际上能笔直迎风而行。在它的旋转轴的前端有一个螺旋桨，有风吹来就会旋转。而在旋转轴的后端有一个螺旋推进器在水中旋转来获取推进力。这艘风力船的螺旋桨和螺旋推进器是以相同转速旋转的。

31 管道摩擦损失

让我们来研究流体在管道中流动时，流体通过的难易程度会因管道的长度和粗细发生怎样的变化。

动一动手

1

准备两个纸杯和两根吸管。在纸杯上开个小孔，把吸管插进去。其中一根吸管剪短一些。

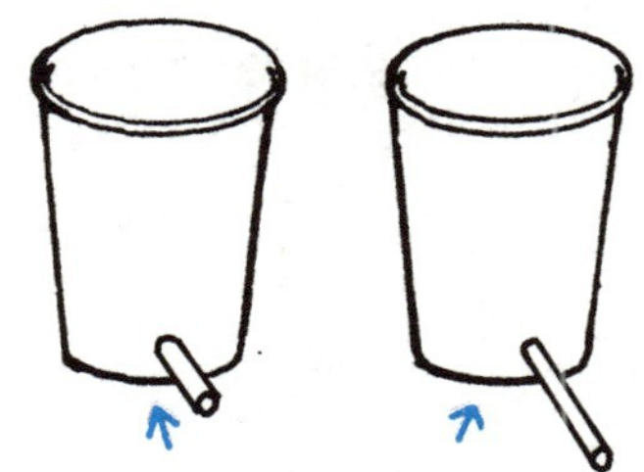
小心一旦有缝隙，水会漏出来

2

每个杯子里都倒入等量的水，并让它们同时放水。

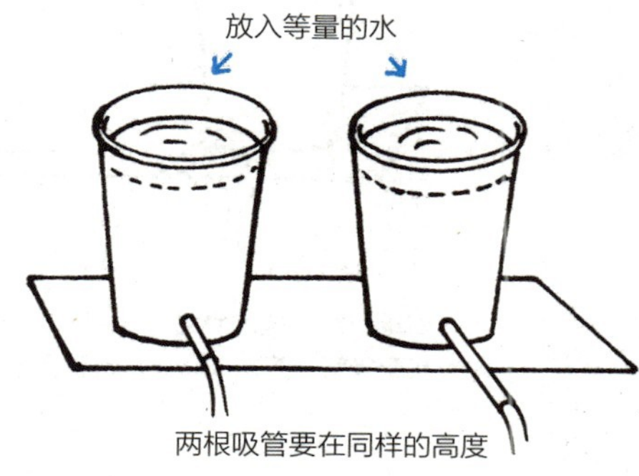
放入等量的水
两根吸管要在同样的高度

3

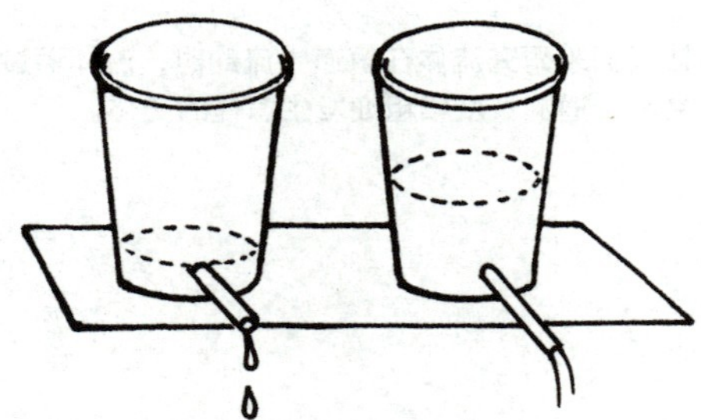

插着短吸管的杯子里的水流完得更快。

4

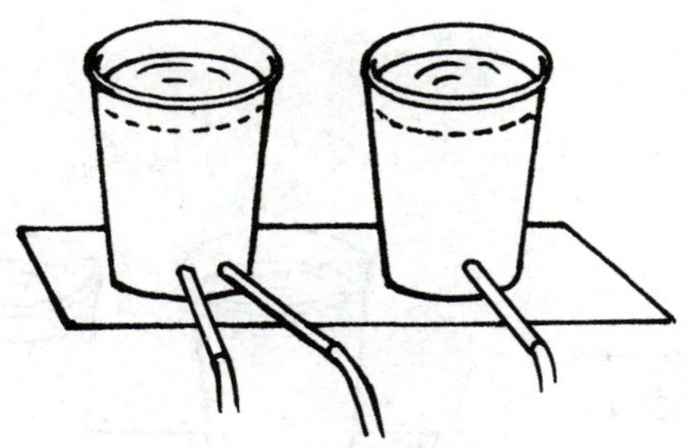

如果有细一些的吸管，请用同样长度的两根细吸管和粗吸管一起来试一下，看看会怎么样呢?

有什么用途?

在我们的生活中经常可以看到，包括水管、煤气管道、空调管道等管道中都有流体在流动。在工业领域，发电厂、化学工厂、石油公司、食品工厂等必须通过管道来输送气体或液体。

了解在这些情况下管道内流体和能量损耗的关系再进行管线设计是十分重要的。为了保证必要的流量需要施加多大的压力，如何才能减少流动过程中的阻力（损耗）等问题也和设备以及工厂的设计息息相关。

“动一动手”版块里的内容是关于管道内流体能量损耗的小实验。通过这个实验就能弄清楚能量损耗会因管道长度和粗细而发生怎样的变化以及流体通过的难易度会发生怎样的改变。

揭秘

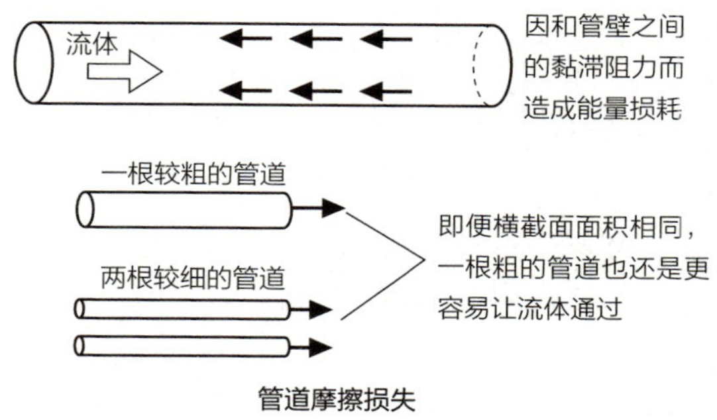

管道摩擦损失

当流体通过管道中时，管壁和流体之间会产生黏滞阻力（参见第2篇，第9页）。这种阻力会试图让流体停止流动。这时的能量损耗是源于流体和管壁之间的摩擦，所以称为管道摩擦损失。

能量损耗程度和管道的长度成正比。因此，“动一动手”版块中的长吸管更难以让水流通过，水的排放也更费时。管道越长，就必须在上游处施加越大的压力。

另外，管道越细，管道摩擦损失就会变得越大。假设“动一动手”版块里的两根细吸管的合计横截面面积和一根粗吸管的横截面面积相同，结果也是两根细吸管的损耗更大，排放更费时。而管道越短越粗，能量损耗越小，流体也更容易通过。

32 节流

用手指挤压浸没在水中并且管壁上被剪开了一个小孔的吸管的一部分，周围的水会通过小孔被吸进去。这种现象是伯努利原理的一种应用。

动一动手

1

照着图中所示，用剪刀在吸管的中间剪开一个直径约 1 毫米的小孔。

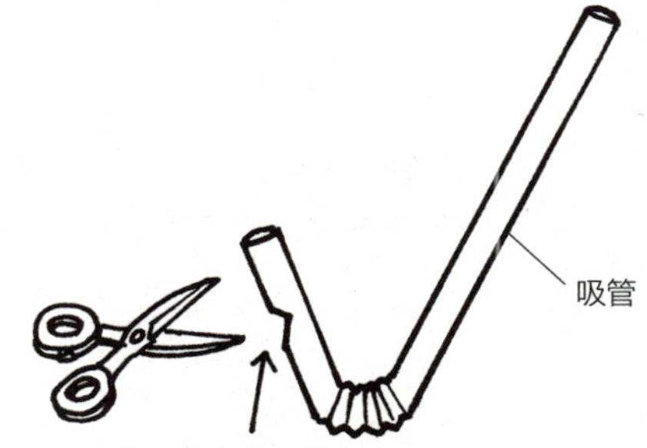

2

在一个容器中装入水，再把吸管浸没到水里。

3

向吸管里吹气
只有气出来

吹吸管。不会发生什么神奇的事情。小孔距离水面比较近的话，从小孔中只会有空气出来。

4

水不可思议
地喷出来
向吸管里
吹气
用手指挤压小
孔稍靠下处
容器里的水
不断减少

接着，用手指轻轻挤压小孔稍靠下处，小孔会把周围的水吸入其中，吸管的一端会有水不可思议地喷出来。

有什么用途?

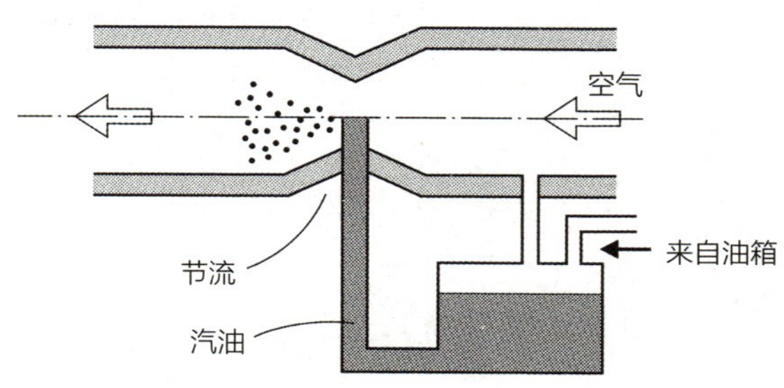

小型汽油发动机里的化油器

流体通路的中途一旦横截面面积变小，那个部分的压力就会下降（原因下文叙述）。“动一动手”版块中的吸管也会发生这种现象，当吸管被挤压时，因为通路的横截面面积变小，所以压力变低了，由此，周围的水就被吸进去了。

割草机等机械设备上的小型汽油发动机里的化油器（汽化器）就是利用这一原理工作的。它通过让流体通路变得狭窄造成压力下降，从而吸入作为燃料的汽油。

另外，化油器还担任把汽油完全汽化，并和空气充分混合，制造出混合气体的工作。

一般情况下，液体具有压力下降后会变得易于汽化的特性（参见第 14 篇）。汽油碰到高温的进气管等零部件时，有一部分已经开始发生汽化，而化油器使压力下降也起到了进一步促进汽化的效果。

揭秘

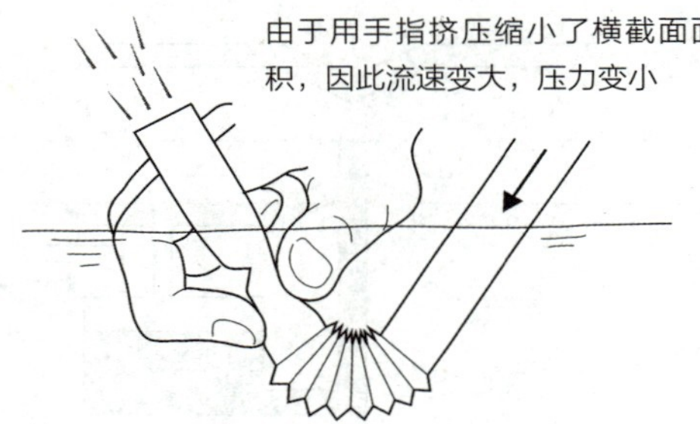

由于用手指挤压缩小了横截面面积，因此流速变大，压力变小

吸管吸水的原因

流体通路在中途被缩小横截面面积的现象称为节流。在横截面面积被缩小的地方，流速会变大，因此根据伯努利原理（参见第 18 篇）就能知道压力会变小。

从这个原理来看，“动一动手”版块里的吸管被挤压后就相当于产生了节流的效果，由此压力便下降了。接着，周围的水被吸入，从吸管口和空气一起喷射了出来。

“有什么用途？”版块里的化油器是借助节流来降低压力使汽油被吸入，并让汽油汽化。

此外，有一种应用节流原理的叫作节流流量计的测量仪表。这种仪表非常常见，在各个方面都有使用。它能在管道中途进行节流（缩小横截面面积），预先测量出节流处的压力降低和流量之间的关系，然后测出节流前后的压力差，便可以通过计算得到流量了。

专栏

喷雾器的原理

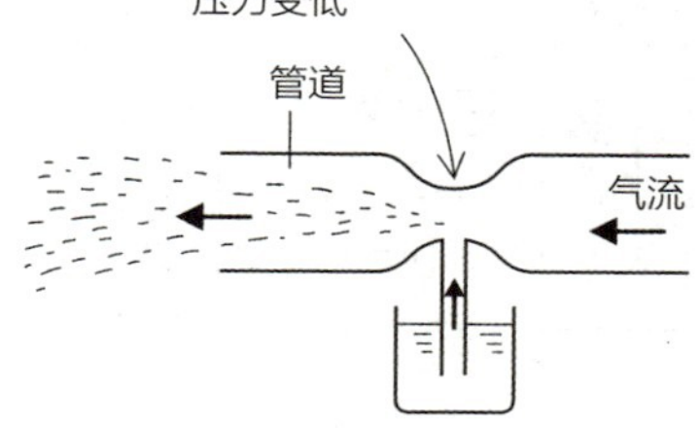

使用节流技术的方法

不同喷雾器的原理各不相同，这里我们来研究以下两种原理的喷雾器。

第一种是如上图所示的，采用了使管道中途部分变细的方法，即利用了节流的原理（参见第 32 篇）。在管道的出口处的压力基本等于大气压，而被节流的部位因横截面面积变小导致流速加快，于是压力降低（伯努利原理，参见第 18 篇）。最终，液体通过纵向的细管道被吸上来，再和气流混合到一起后就变成了细小的雾状。

这个方法常用于喷漆用喷枪等喷雾工具里。

第二种方法是在气流中放入凸起物。比如，使用两根吸管来制作喷雾器（下一页图右）。有些地方会对这种喷雾器做这样的解释：“在吸管的出口处流速会加快，根据伯努利原理，

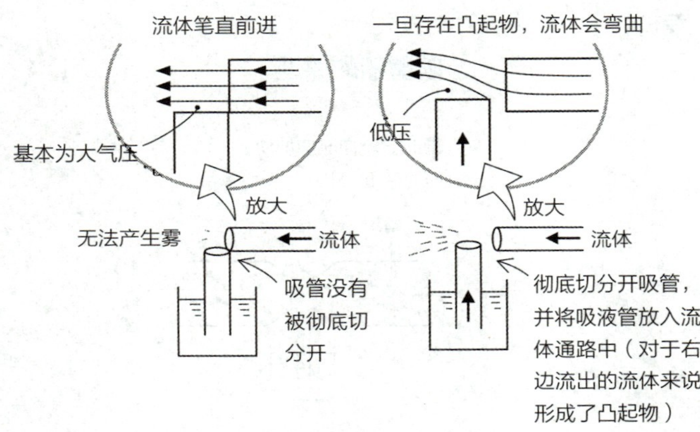

在流体中放入凸起物的方法

那里的压力会变低，于是液体会被吸上来”。这是不正确的。这是错误地应用了伯努利原理的典型。

如果这样的解释是正确的话，那么像上图左中那样，只要一根吸管上做出了缺口（没有完全切断就弯折），就应该也可以制造出喷雾。但实际上却做不出喷雾效果。可见这样的解释完全行不通。总之，这样的状态下，气流还是会笔直前进，压力是基本等于大气压的。

而如上图右所示的方法才能创造出在流体中放入了凸起物的效果。流体因凸起物而发生流动分离（参见第 23 篇），流线如放大图里那样弯曲。根据流线曲率定理（参见第 21 篇），曲线的内侧，即纵向的吸管的顶部位置，压力会下降，因此液体就被吸上来了。

33 旋翼

旋转螺旋桨能够产生升力。让我们利用这个原理来制作一个小玩具吧。

动一动手

1

把明信片或名片等比较厚的纸按图中所示裁剪，并把一部分折起来。

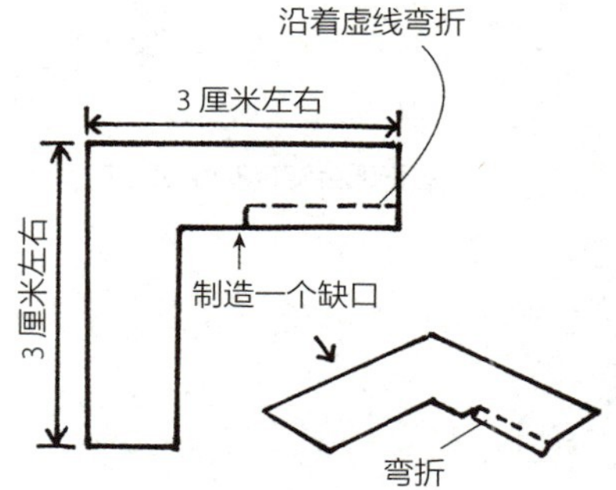

2

用手指弹被弯折起来的部分，它就会旋转着向着斜上方飞出去。

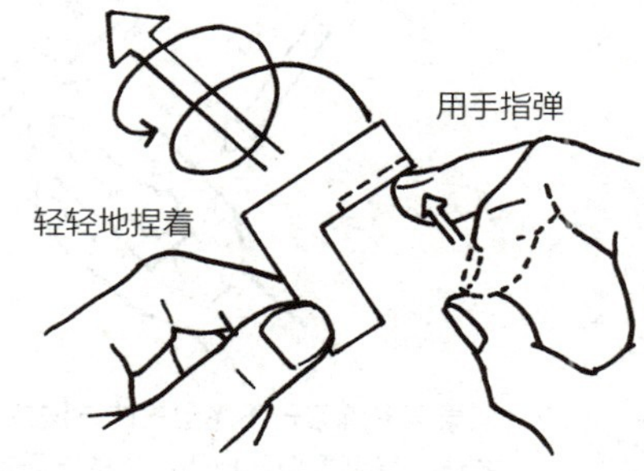

3

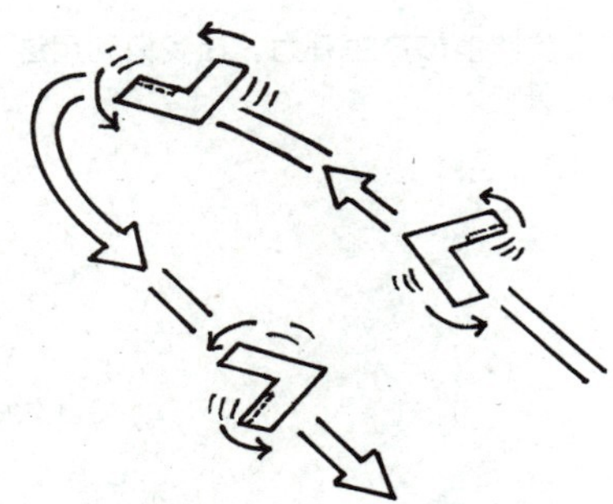

这张纸会旋转着再飞回来。

4

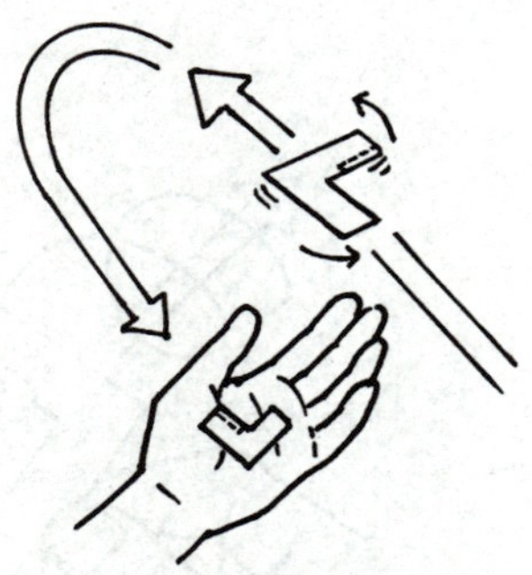

如果再多练习一下飞出去的方法或者改进一下制作方法，甚至能自己把飞出去的纸再接住。

有什么用途?

直升机

直升机凭借着旋转螺旋桨获得升力。它的每一片叶片都相当于机翼。它的原理同“动一动手”版块里的小玩具是一样的。

这类旋转着使用的机翼称为旋翼。飞机的螺旋桨、电风扇、送风机、船舶的螺旋推进器以及竹蜻蜓等利用旋翼的装置有很多。

相对于旋翼，普通飞机的主翼等不旋转的机翼称为固定翼。如果没有流体碰到固定翼上，或者固定翼本身未处于移动状态就无法产生升力。

而旋翼不必移动，只需在原地旋转就能产生升力。因为只要使用发动机就能让它旋转，十分方便，所以用途非常广泛。

揭秘

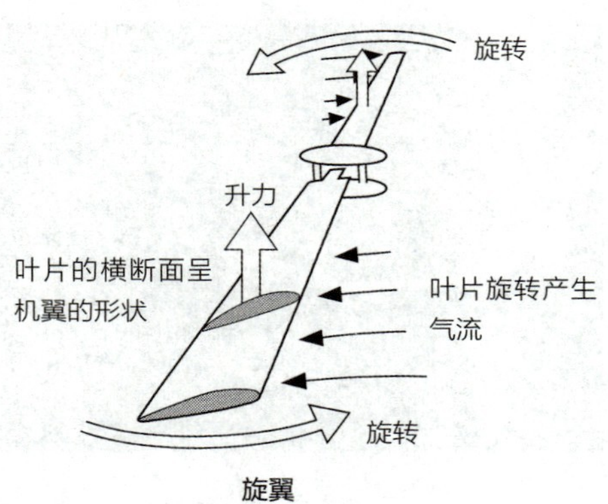

旋翼

旋翼的每片叶片都是一个独立的机翼。而且上图中的叶片的横截面是呈第 27 篇中提到过的机翼的形状。此外也有呈弯曲的平面状或者仅仅是倾斜了的平面状的叶片。“动一动手”版块里的小玩具就是呈弯曲的平面状的机翼。无论哪种叶片，都能改变流体的方向，并利用其中的反作用力来获得升力。

上图中的旋翼通过旋转叶片，使流体碰到叶片上。由于叶片和旋转面是成一定角度的，所以流体的流向会沿着叶片发生改变。因为上图中的气流是向下弯曲的，所以叶片受到其反作用力就获得了向上的升力。总之，在产生向下的气流的同时获得了向上的力。直升机是利用向上的力，而电风扇是利用气流流向改变所产生的风。

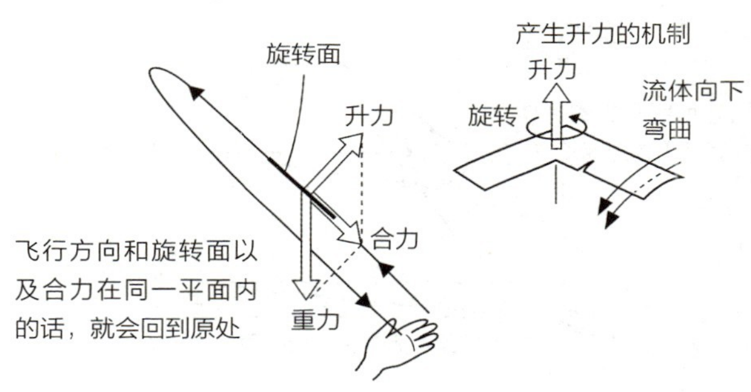

“动一动手”版块里的小玩具

在“动一动手”版块中，弯折了一片叶片，使它成为一种旋翼。将它旋转后，升力就会垂直作用于旋转面。

因为“动一动手”版块中的小玩具是倾斜着旋转面飞行的，所以作用在旋翼上的力如上图中所示。如果升力和重力的合力是和旋转面处于同一平面，它就会在旋转面内飞行并且还会飞回来。因此，只要弹出去的角度合适，小玩具就会在几乎同一旋转面内回到原处。

和“动一动手”版块里的小玩具非常类似的还有回旋镖。不过尽管回旋镖也会回到原来的位置，但它旋转面的方向在飞行过程中是不断改变的，所以和这“动一动手”版块里的小玩具的原理还是略有差异的。

除此之外，利用旋翼制作的玩具还有非常有名的竹蜻蜓。

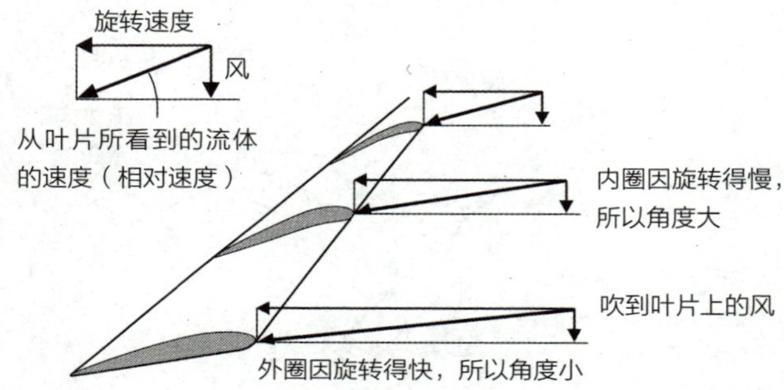

叶片的转矩

不过，如果仔细观察一下螺旋桨的话，会发现它的叶片呈扭曲状的。靠近叶片顶部附近的部位基本和旋转面保持平行，而越靠近旋转中心的叶片会越呈竖立的状态。其中的原因如下。

为了说明得简单些，假设螺旋桨在水平面中旋转，并且风是从上到下均匀吹来的。旋翼叶片的旋转速度和到旋转中心的半径是成正比的。越往外圈旋转速度越快，流体碰到叶片上的角度也越临近旋转面。因为以流体的流向为基准，叶片的倾斜度为 10 度左右是最能有效产生升力的，所以外圈处的叶片会设计得接近旋转面。

反之，靠近旋转中心的叶片的旋转速度慢，碰到叶片上的相对速度的方向因而开始朝着竖直方向了，所以叶片也必须跟着竖起来。由此一来，螺旋桨的叶片便是呈扭曲状的了。

34 附加质量

在流体中突然移动物体时，其周围的流体也会跟着加速，因此相应地会需要很大的力。

动一动手

1

从泡沫托盘上剪下一块相对大一些的泡沫板和一块相对小一些的泡沫板。

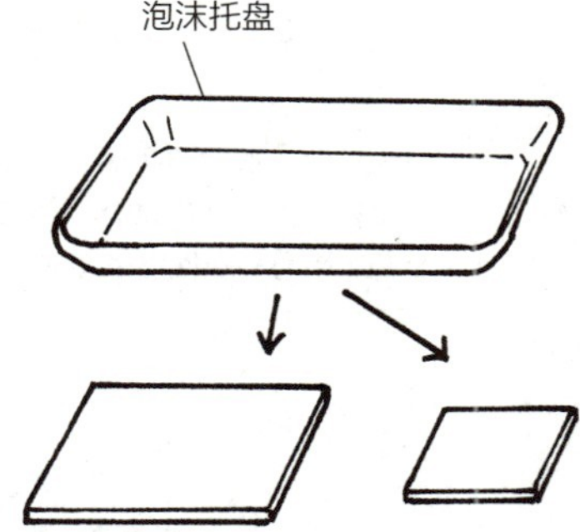

2

让两块板浮在浴缸等地方的水面上。

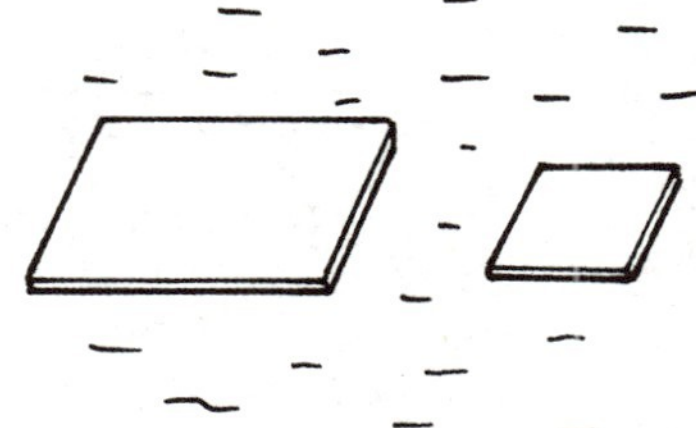

3

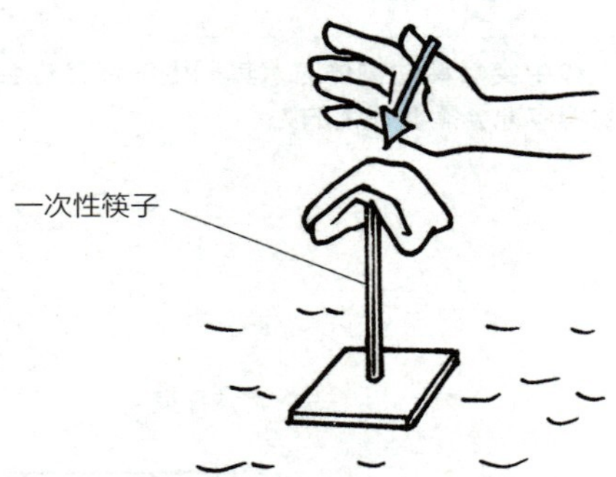

首先，让一次性筷子竖立在小板上，再把抹布等布片垫在上面，然后试着用手拍。板上不会被拍出个小洞（小心一次性筷子上的木刺）。

4

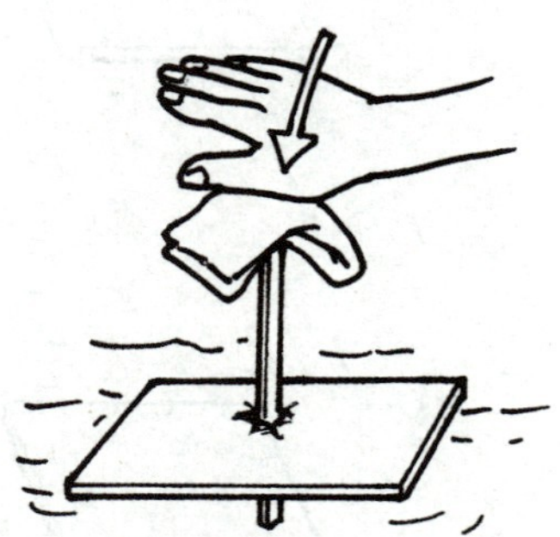

接着，在大板上尝试做同样的事。只要板足够大，拍的速度足够快，轻松就能把板刺穿。

有什么用途?

在水面上奔跑的蛇怪蜥蜴

有一种叫作蛇怪蜥蜴的动物，是蜥蜴的一种。它能用两条后足在水面上奔跑。因为蛇怪蜥蜴体长大约 65 厘米，体重约 240 克，身材非常娇小，所以能在水面上奔跑，而不会沉下去。

它有异常发达的后足和长长的爪子。当它的脚接触到水面时会展开脚底以增加和水接触的面积，当脚抬起时，就收起脚底，面积就又会变小。在踏到水里的脚沉下去之前，另一只脚就已经快速踏到水面上了。如此交替反复，它们便在水面上跑起来了。

在它们的脚接触到水面的瞬间，周围的水也会开始运动，于是就需要加速这些水的力。而凭借这个力的反作用力便能保持不会沉下去了。“动一动手”版块里也是同样道理，只要板的面积足够大，拍得足够快，板就能被刺穿。

揭秘

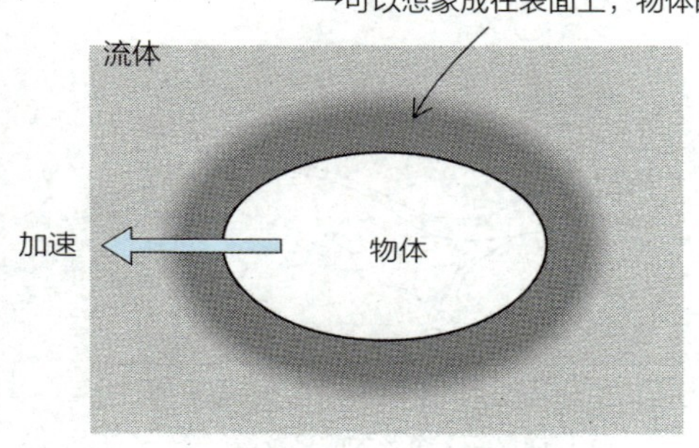
让周围流体加速的力也是必须的
→可以想象成在表面上，物体的质量增加了
流体
加速
物体

在流体中加速的物体

物体在流体中加速运动的时候，周围的流体也会跟着一起加速。所以，为了能使物体加速所施的力也必须包含让流体加速所需的力。同一个物体在空气中加速与在水中加速相比，在水中加速需要更大的力。因为和空气相比，水的密度更大。

这个力既和加速度成正比，也和流体的密度成正比。总之也可以认为一定质量的流体会附着在物体表面，和物体一起运动。因此除了物体自身的质量，还需考虑追加上流体的质量，因此把它称为附加质量。

附加质量是由流体的密度、物体的大小和形状所决定的值。可以把物体自身的质量和附加质量的总和作为实际的质量来进行考虑。

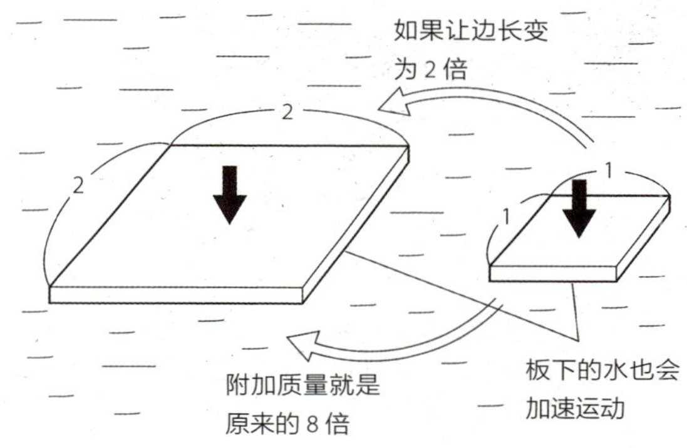

浮在水面上的泡沫板

能拍穿“动一动手”版块里的泡沫板也同样和这附加质量有关系。因为附加质量的大小和物体周围的流体的体积存在关系，所以如果是同样形状的物体的话，附加质量就会和基准尺寸的立方成正比。“动一动手”版块中的平板，就是和边长的立方成正比。所以，假设把正方体的边长变成 2 倍，附加质量就会是原来的 8 倍（2 的三次方）。从中就能明白板的面积一旦增大，附加质量就会急剧增加。

泡沫板只因为这附加质量就增加了实际质量。因此板越大，即使施予更多的力也还是很难加速。而且由于施予板上的力的大小等于实际的质量乘以加速度，所以加速度越大，就越需要更大的力。

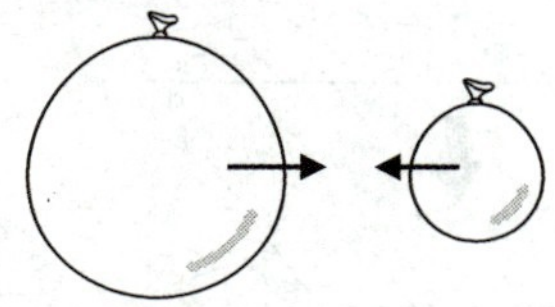
大小两只气球撞到一起后，
小的会被弹飞
无论仅仅是气球内部的空气质量
还是来自周围空气的附加质量，
都是大的气球更大

第 4 篇（空气的质量）的补充

如此一来，拍击大泡沫板的加速度越大（快速拍击）时，板就会越容易被拍穿。

“有什么用途？”版块里的蛇怪蜥蜴在水面上奔跑也是同样的道理。让脚底扩张开（增加接触面积），快速拍击水面（增加加速度），于是就能获得很大的反作用力。而蛇怪蜥蜴体型娇小动作迅疾，所以才能在水面上奔跑。我们人类是实在无法模仿它们的。

不过，在第 4 篇（第 15 页）里，提到过让气球碰撞的“动一动手”版块的内容和巨型喷气机相关的“有什么用途？”版块里的内容。虽然在那篇里已经叙述了关于其内部空气质量的问题，但更准确地来说，这两者都包含了周围空气所产生的附加质量。所以不只是内部的空气，外部的空气质量（附加质量）也影响着它们。